微軟生存之戰

軟體巨人如何因應開放原始碼

王盈勛◆著

目錄

推薦序

解開開放原始碼的迷思

誰能挑戰微軟？在過去的十幾年間，這個問題的答案，從IBM、蘋果電腦、Sun、Oracle，到AOL。歷史已說明，這些預言式的解答，終究未能成爲事實。

然而，微軟也不是毫無弱點的無敵鐵金剛，網際網路的出現、娛樂資訊產業的跨界融合、資訊家電以及各種資訊應用的發展，在在都爲微軟的營運帶來重大的挑戰。此外，微軟殲滅競爭對手毫不手軟的企業風格、比爾蓋茲長年位居全球首富所帶來的「暴利」印象（大概很少有人知道，二〇〇二年全球最賺錢的企業是花旗金融集團），也爲微軟帶來不少正反兩極的評價。

在二十一世紀之初，開放原始碼軟體被認爲是最新的答案。對微軟來說，這個競爭者相當特殊——開放原始碼軟體的開發者，有些是透過網路鏈結、素昧平生的個人，也有像IBM這樣的大企業；有些是不計較個人利害得失的革命家，也有想要坐收漁利的投機份子；開放原始碼社群所開發出來的軟體，有些在特定市場已有相當的市場佔有率，多數卻是無人聞問、不知所終。

正因為開放原始碼軟體這樣特殊的性格，一般人要對開放原始碼軟體有正確而完整的理解並不容易，要評估開放原始碼軟體對軟體產業以及微軟所帶來的影響，更是難上加難，因而也就產生了許多的誤解與迷思。

另一方面，微軟在軟體產業的競爭策略也有了很大的改變——不再以打敗競爭對手為唯一要務。不久前，微軟才以七．五億美元主動與纏訟多年的AOL和解便是一個例證。對於開放原始碼軟體，微軟也一改初期的不屑一顧、窮追猛打，反而積極吸納、學習開放原始碼軟體的優點與長處。

本書作者獨到的觀察與見解在於指出，微軟與開放原始碼軟體不是對立的兩造——開放原始碼作為一種軟體開發方式，有其優點和缺點，而微軟藉由將開放原始碼納為其總體策略的一部分，反而更能夠鞏固他在軟體產業的領導地位。新科技、新的營運模式影響之下，誰會是贏家？是資源豐富的大企業，還是彈性應變的小企業？是新技術的積極擁抱者，還是穩紮穩打的跟隨者？本書以軟體產業爲研究的對象，探討影響企業成敗的可能關鍵因素，很值得關心此一議題的讀者一讀。此外，本書也對開放原始碼軟體做了極爲詳實的說明，相信對讀者了解開放原始碼軟體的來龍去脈與意義會有很大的幫助。

楔子

樹大招風的定律

市場的領導者，總是特別容易成爲被攻擊的對象。

美國一家新上市可樂品牌的廣告影片是這樣的：一個小男生在販賣機前，先後投幣買了一瓶可口可樂與百事可樂，然後出人意料地，小男生竟把兩瓶可樂都擺在地上當做腳墊，原來他是爲了要按到販賣機最上層的新品牌可樂。

網路上所流傳關於Intel晶片瑕疵的謠言，幾乎是從來沒有中斷過，上法院控告Intel的索賠案件，加起來恐怕不下數百件。

針對跨國企業如何剝削第三世界勞工、污染落後國家環境的討論，往往都不會漏了運動鞋的全球領導廠商Nike。

百事可樂或可口可樂未必最好喝，但是除了這兩家可樂公司，很少有人說得出第三名可樂品牌的名字；Intel的晶片未必全無問題或瑕疵，但是其他公司所生產的晶片，是否就眞的更值得信賴？Nike或許眞的利用後進國家的低廉勞動力來獲利，但是說穿了，絡繹不絕的台商搶進大陸，兩者之間並無不同。

而在這些領導廠商當中，受到最多各種奇奇怪怪的，有時甚至是匪疑所思攻擊的，恐怕非引領軟體產業風騷超過十年的微軟，和他的創辦人比爾．蓋茲莫屬了。

兩個加拿大的電台主持人假裝是加拿大總理，在愚人節打電話給蓋茲，邀請他到蒙特婁的脫衣舞俱樂部一遊；在比利時，蓋茲被一個無政府主義者用蛋糕砸在臉上；在韓國，蓋茲被誤傳意外身亡，接連又有多家電視台跟進轉述報導；在網路上，以「反微軟」、「反蓋茲」爲主題的各種玩笑、動畫、網站，和遊戲軟體等等早已成千上百①。

就如同面對多數網路上的流言一般，比爾．蓋茲當年並沒有對砸他蛋糕的人提出告訴。原因並不難理解，就是因爲不值得。

在微軟和比爾．蓋茲頂著全球最大軟體公司和全球首富的雙重光環下，要讓人記得蓋茲也是全球最大的慈善捐款者②並不容易，反而是市場領導者的「原罪」讓他飽受攻擊，儘管這些攻擊多半不值一駁。

一九九〇年代以後，對微軟的攻擊與挑戰出現了一支「半正規軍」，就是以Linux爲代表的開放原始碼運動。

爲何說Linux是半正規軍呢？一來，開放原始碼作爲一種軟體開發方式，既取得社會的廣泛注目，也有一定程度的市場佔有率，而非僅只是意識型態的對抗，或是茶餘飯後的閒扯，因此值得微軟以市場競爭者的角度認眞看待。但在另外一方面，Linux的開發社群既不是一個正式組織，也不是以商業目的爲唯一考量，和傳統的市場行爲有著很大的不同。更重要的是，Linux或其他開放原始碼軟體往往承擔了外界過多而錯誤的期待，而這樣的期待則是源自對開放原始碼軟體的誤解。

因此，本書的目的就是要釐清與還原開放原始碼軟體的眞相，以及進一步探究作爲市場領導者的微軟，如何回應開放原始碼軟體所帶來的挑戰。

過高的期待

對開放原始碼過高的期待，最初是來自股市的網路狂熱。一九九五年以後，維持了約四到五年的網路熱潮，無法獲利的公司也能在股市創造數百億美元的市值，讓許多人誤以爲只要和網路搭上邊，企業似乎就變得無所不能，前途必然不可限量。

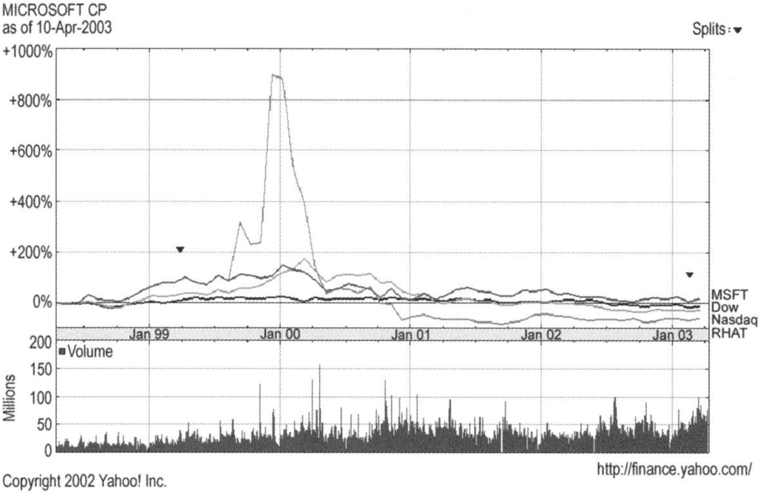

圖 0-1 微軟、Red Hat、道瓊和NASDAQ指數比較圖

然而，長期來看，股市終將反映經濟理性。我們拿微軟、Linux的代表性企業Red Hat、道瓊和NASDAQ指數做比較，如同圖0-1所顯示的，微軟的長期表現在道瓊和NASDAQ之上，Red Hat則是低於市場的平均表現。

另一個對開放原始碼軟體過度期待的原因，則是出自對微軟市場佔有率過高的疑慮。這樣的反應並不難理解，根據Web Side Story的調查，如同表0-1所顯示的，微軟幾乎囊括了作業

表 0-1 桌上型電腦作業系統軟體的市場佔有率

作業系統軟體	佔有率
微軟視窗	94.39%
蘋果Macintosh	2.63%
Unix	0.44%
Linux	0.19%
其他	2.35%

資料來源：Web Side Story(1999)

系統軟體九成五的市場，現階段還沒有任何廠商可以對微軟構成威脅。

蘋果電腦的作業系統Macintosh於一九九〇年代就已在軟體產業標準的競賽中敗下陣來，近年來甚至是逐漸往微軟靠攏當中。因此，「反微軟」聯盟之所寄，就幾乎全壓在Linux身上了。

只是這樣的反微軟聯盟，事實上是一群組成份子相當複雜的團體。這些組成份子至少包括了：

(1) 意識型態上就是反微軟的社會運動者。這一類人主張軟體的自由是言論自由的一部份，因此軟體應該是人類共同的資產[3]。這類型人物以自由軟體基金會的史托曼（Richard

Stallman）爲代表。

(2) 把參加開放原始碼社群當成「練身體」。這類人多半是軟體開發的高手，或是至少對軟體開發有高度興趣，參與開放原始碼社群可以和其他人切磋軟體開發的技巧，或是炫耀自己技高一籌。

(3) 覺得花錢買軟體太貴了，想找找看有沒有便宜或是免費的軟體可以用。

(4) 本身也是軟硬體的開發廠商，把開放原始碼視爲對抗或反擊微軟的機會。這類的廠商如Sun、IBM等，幾乎都已經在軟體產業標準的競逐上處於劣勢的地位，而開放原始碼的出現就像是海上的浮木，讓他們又看見一線生機。

(5) 因應開放原始碼軟體的出現而創立的公司，以Red Hat、VA Linux等等爲代表。這一類的公司其實也是以獲利爲目標，和一般的商業公司沒有什麼兩樣，只是營運模式有所不同。

(6) 錯失了過去整個二十世紀的軟體產業商機的國家，希望藉由開放原始碼軟體來提振、輔助國內的軟體產業發展，這類國家以中國大陸爲代表。

事實上，因爲開放原始碼社群是屬於開放性的非正式組織，參與成員的組成林林總總，不限於以上數端。但是光看以上簡單的分析我們就可以理解，試圖用任何單一層面來看待開放原始碼軟體，都冒著以偏概全的風險，無法一窺全貌，而對開放原始碼軟體的誤解與過多期待，也就應運而生了。

舉例來說，部分開放原始碼軟體的擁護者對IBM大舉投入開放原始碼軟體開發[4]的消息感到興奮不已，媒體也對此大幅報導。但是如果我們冷靜地思考分析，IBM也不過只是在商言商地選擇了對他們較爲有利的商業策略罷了，並不存在什麼較高的道德優越性。換句話說，即使同樣是被歸類爲開放原始碼社群的成員，目標仍有可能是矛盾而衝突的。

因此，我們應該跳脫「開放原始碼（Linux）vs.微軟」的二元對立觀點，仔細檢視開放原始碼軟體的優點與缺點，及其對軟體產業的意義與影響。如此一來，不管你是企業的經營者、軟體廠商、政府官員或是一般的軟體使用者，才能用最正確的態度，選擇對你最有利的軟體組合。

在本書中，我們將分析，微軟透過將開放原始碼開發模式吸納成整體策略的一部分，再加上微軟在軟體產業的既有優勢，反而比傳統認知下的開放原始碼軟體更能取開放原始碼軟體之長，去開放原始碼軟體之短。

附註

①有興趣的讀者可以參考Redmond Roundup網站的整理，網址爲http://i-want-a-website.com/about-microsoft/billg/。

②根據美國商業週刊的報導，是排名第二的Intel創辦人摩爾的四倍。

③自由不等於免費，即使在開放原始碼軟體社群當中，對這一點也有相當多不同的見解，後面的章節將會有更多的討論。

④IBM除了捐贈價值四千萬美元的軟體工具給開放原始碼社群使用，同時也宣佈將投入十億美元研發開放原始碼軟體。

1 什麼是開放原始碼軟體？

開放原始碼軟體（open source software）或是「自由軟體」（free software），經常被一般人視同於免費軟體。但是實際上，收費與否並不能算是區分開放原始碼軟體的有效方式。有自由軟體大師之稱的史托曼（Richard Stallman），本身就是第一批從自由軟體賺到錢的人士之一。他在一九八五年推出的GNU Emacs磁帶，每套賣一百五十美元。此外，他也提供Emacs的相關諮詢服務[1]。

如果要從根本上加以區分開放原始碼軟體與傳統所謂的商業軟體，應該說是它們的開發方式不同。一如我們所熟悉的，傳統的商業軟體就是一家企業或組織，靠公司自身的力量或是與特定的夥伴合作開發軟體，並用智慧財產權保護[2]其研發的成果，而以出售軟體或相關服務獲利。相對來說，開放原始碼軟體的開發則是軟體駭客[3]透過網路鏈結而形成的社群（非正式組織），自願性地參與軟體開發，不用傳統的智慧財產權保護其研發成果[4]，成員則是可以自由地運用社群所開發出來的軟體。

但是如同我們先前所提及的，傳統的商業軟體開發模式與開放原始碼開發模式並不是非黑即白、截然對立的兩造。相反地，兩者不但相互滲透、時有重疊，而且更重要的是，軟體產業發展的趨勢是兩者逐漸往中間靠攏。

微軟的資深副總裁兼總顧問布萊福德．史密斯（Bradford L. Smith）便指出，雖然開放原始碼模式與商業模式在概念的出發點上確實有所不同，但在實際上，各種類型的軟體開發者，都已開始在追求同時具備兩種模式成分的開發、授權及商業策略。

因此，要瞭解當前的軟體產業，對開放原始碼軟體有所認識是必要的。但是我們也必須認清，開放原始碼軟體有可能是商業的，商業軟體也可以是開放的。對軟體的使用者而言，真正應該在意的，是何者對自己的軟體使用環境是有利的。

在這裡，我們將先介紹開放原始碼軟體（特別是Linux）的基本概念、發展簡史和市場概況。在後面的章節，則是進一步評估開放原始碼軟體與商業軟體的優點與缺點，以及傳統上被歸類爲商業軟體公司的微軟，如何學習、吸納開放原始碼開發模式的優點，並進一步鞏固微軟在軟體市場的領導地位。

Linux與開放原始碼軟體

開放原始碼軟體並不是新鮮事。貝爾實驗室的研究員肯·湯普森（Ken Thompson）在一九六九年開發出Unix的第一個版本之後，Unix的原始碼便已在大學和實驗室間廣爲流傳[5]，堪稱是開放原始碼的開端。但是要等到利努茲·托瓦茲（Linus Torvalds）開發出Linux作業系統以後，開放原始碼運動才開始風起雲湧。

Linux社群的起源是在一九九一年，當時仍就讀於芬蘭赫爾辛基大學的托瓦茲，開發了一套類似於Unix的作業系統，然後交給史托曼在一九九四年發表，並且在網路上免費流通[6]。

當時托瓦茲在comp.os.minix新聞群組上發表了一篇文章，主題是「你最想在Minix裡看到什麼？……若你對Minix有什麼喜歡和不喜歡的地方，請予以回應。」這樣的請求立即有了回應，在兩天內就收到五封回應的訊息。幾個星期以後，Linux 0.01版發表在赫爾辛基大學的一台FTP上，托瓦茲並立刻寄信給曾以電子郵件回應的網友，請他們上去瞧瞧。當時這份名單不到十五個人[7]。

Linux 0.12版在一九九二年一月問世，這個版本是Linux發展的轉捩點，因爲這個版本比較適合廣大的使用者，而非僅限於專家級的駭客，並且採用GPL的授權書，大大擴增了Linux的影響力。當時的新聞群組上，已有一百九十六位Linux活躍人士列名，此外，comp.os.minix的新聞群組在0.12版發表後的兩個星期，相關討論大增，因爲這些實際使用Linux的人，以前都用過Minix，對Minix有或多或少的不滿意。不久，comp.os.linux的讀者就超過comp.os.minix，達到四萬人以上。

Linux在一九九一年十二月所發表的0.11版，除了托瓦茲以外，程式的貢獻者只有三個人；到了一九九二年二月發表的0.13版，Patches（修補程式）就多是由其他人所貢獻，而非托瓦茲了；一九九五年七月，已有超過來自全球九十個國家的一萬五千人士貢獻出修補程式、臭蟲報告，以及特色功能建議等等。

美國富比士雜誌（Forbes）[8]估計，Linux在七年的時間裡（一九九一至一九九八），從零成長到全球擁有七百五十萬個使用者（表1-1），其中約有九萬

表 1-1 Linux核心程式的版本與使用者的演進

Evolution of the Linux Kernel

Year	Version	Lines of Code	Users
1991	0.01	10,000	1
1992	0.96	40,000	1,000
1993	0.99	100,000	20,000
1994	Linux 1.0	170,000	100,000
1995	Linux 1.2	250,000	500,000
1996	Linux 2.0	400,000	1,500,000
1997	Linux 2.1	800,000	3,500,000
1998	Linux 2.1.110	1,500,000	17,500,000

Source: Forbes, Aug. 10,1998

人註冊爲使用者，百分之十六的註冊使用者同時也是開發者。

Markus，Manville & Agres（二〇〇〇）等人的研究[9]，曾將開放原始碼軟體開發的歷史歸納整理成表1-2。

表 1-2 原始碼軟體開發簡史

年代	事件	事件的概況
1969	Unix開始開發	1973年貝爾實驗室研究員Ken Thompson與Dennis Ritchie完成Unix作業系統。當AT&T被禁止涉足電腦行業後，這兩人為願意支付拷貝費用的民眾，提供Unix的原始碼磁帶。
1981	Sendmail開發	精通Unix的柏克萊加大研究生Eric Allman開發出Sendmail軟體，可以傳輸電子郵件，至今Sendmail傳輸ISP業者75%的資料運量。
1984	自由軟體基金會（FSF）成立，GNU計畫開始	被視為自由軟體之父以及終極駭客的理查・史托曼（Richard Stallman）成立自由軟體基金會（FSF），並開始GNU（GNU's Not Unix）計畫。成立的起因，是AT&T和柏克萊加大與軟體開發工程師之間為了Unix的版權問題引發的訴訟戰。GNU計畫的目標是創造一個和Unix相容的免費作業系統。
1986	Perl（實用摘錄與報告語言）發表	Larry Wall發表網際網路的Perl語言。其他有興趣的軟體工程師的合作發表也隨之而來。Perl可以掃瞄文字檔，由文字檔創造HTML檔案並瀏覽網路。
1989	Cygnus Solutions成立	建立在開放原始碼與免費產品的第一家商業公司誕生。Cygnus提供開放原始碼軟體的顧問、工程與支援服務，其中包括GNU開發套件。

年代	事件	事件的概況
1991	Linux開始開發	21歲的赫爾辛基大學電腦科學學生利努茲·托瓦茲開始研究在PC上運行Unix的一項技術。當時GNU計畫尚未成功研發出該部分。當他試行運作後，發表於網路上，要求網友協助除錯。網路迴響出奇熱烈，各地網友與社群開始協助除錯，並加強軟體功能。
1994	更多商業公司加入，形成開放原始碼的商業模式	Red Hat和Caldera Systems相繼成立。他們利用開放原始碼支援獲利的商業模式發行、建立品牌、顧問諮詢、進行客製化開發並提供售後服務。
1997	艾瑞克·雷蒙發表網路版<教堂與市集>(The Cathedral and the Bazaar)	雷蒙曾參與GNU計畫，但他的Linux開發經驗卻是靈光乍現的成果。這本書在開放原始碼社群間擁有很大的影響力。
01/1998	網景開放瀏覽器的原始碼	受到雷蒙的文章影響，網景史無前例地宣佈開放Navigator 5.0的原始碼，替其他想要改變過去一貫商業模式的軟體公司開出一劑新處方。改名Mozilla（以Navigator原始碼名稱為名）的軟體，由一群授權小組寫出軟體授權公佈在網路上，並立刻集合眾人的回應，在不到一個月的時間內發表。Mozilla.org成立，旨在組織、協調、仲裁並擔任Mozilla任何改變的最高當局。這個網站由網景員工監管，內容包括Mozilla框架的完整過程、一項使命宣言，以及未來其他人如何參與。這個網站也詳述開放原始碼一年以來的營運經驗。

年代	事件	事件的概況
02/1998	開放原始碼（open source）一詞取代了免費軟體(freeware)以及共用軟體（shareware）	在開放原始碼主要倡議者參與的一個腦力激盪會議中，「開放原始碼」一詞被選來替代「免費軟體」或是「共用軟體」。使用這一詞優點在於，非商業世界一向避免讓免費的技術商業化，而且商業導向的軟體開發者也想要與史托曼關於免費軟體運動的意識型態保持距離。
11/1998	「開放原始碼協會」（OSI）成立	受到Mozilla發表的影響，雷蒙和布魯斯・佩瑞斯（Bruce Perens）設置「開放原始碼協會」研究教育組織，旨在保有並捍衛開放原始碼註冊商標。一九九九年六月，OSI放棄註冊商標的行動，因為美國專利註冊署裁定這個名詞太過描述性。

資料來源：Markus, Manville & Agres（2000）

開放原始碼軟體的開發模式

「集合眾人之力」來完成軟體的開發工作，似乎是開放原始碼軟體開發最顯而易見的好處。更何況，這些人力又經常是免費的。

但是這個顯而易見的好處，同時也是開放原始碼軟體開發所需面對的最大問題。軟體作業系統的開發不比在BBS上聊天閒扯，而是涉及千萬行以上的軟體程式開發的高度複雜工作，因此需要高度的協調與整合機制。舉例來說，誰來決定產品的開發方向呢？誰能決定社群成員開發出來的軟體能用與否？誰來進行工作指派與分工呢？誰來監督與控制產品的品質與開發進度呢？

如果這些問題不能得到好的解決方式，網路社群也就很難開發出在速度、品質、規模和可靠度等方面足以和傳統商業軟體公司競爭的軟體。

因此，開放原始碼軟體社群並不是一盤毫無組織的散沙，社群之內也並非毫無層級式的控制可言。以Linux為例，托瓦茲仍可以決定是否要將新開發出來的原始碼放入核心程式中，或是要求開發者再做進一步的修正。此外，隨著

Linux規模越來越大，當托瓦茲一人無法處理所有的工作時，他也開始將工作委派給一些他所信任的副手，這些副手對不同領域的工作有或多或少的控制權，雖然托瓦茲仍擁有最終的決定權，但是他極少否決這些副手所做的決定。我們可以發現，這樣的運作方式事實上已帶有正式組織的某些特性，開發原始碼軟體的重要理論家雷蒙將這樣的統治機制稱之爲仁慈的獨裁制度（benev-oleuty）。

Linux這樣的仁慈的獨裁制度，並非開放原始碼社群唯一的統治機制。另一個開放原始碼的重要社群Apache所採行的則是委員制。Apache新的成員可申請加入委員會，但是必須經過現任委員絕大多數同意，這個會員制度讓大家聚在一起並投票選出董事會，董事對小組有實質的決定權。

AG（Apache Group）是個由核心成員所組成的非正式組織，負責引導Apache專案的開發和整體的方向、協調所有由非核心開發人員所送出的修補程式（patch），或是處理與原始碼無關的部分，如臭蟲回報（bug report）等。AG的核心成員遍布全球各地——大部分來自美國，但也有重要的成員居住在歐洲及其他地區——彼此之間利用郵件論壇來溝通。此外，AG也以最少法定人數（Minimal quorum）投票系統來解決衝突的發生。AG會員可以以投票的方式來表決是否對修正的程式予以採用，至於成爲會員的條件是：要投身於社群六個月以上，並經由會員的提名與投票通過。

另一種爲Perl組織所採用的統治方式被稱爲「南瓜盤制度」（pumpkin holder），即控制權由社群中的資深成員輪流，當有成員想完成特定工作時，權力就落在他身上，等他完成工作以後再收回權力權杖。Perl的創始人賴瑞・華爾（Larry Wall）將平常的事務交給南瓜盤制度來處理，自己則保有最高管理權並擁有否決權。

因此，開放原始碼軟體社群的運作方式，不管是採行哪一種制度，既不是網路社群慣常宣稱的市集（bazaar）開發模式（如圖1-1），也不是傳統軟體公司的傳統層級式開發模式（圖1-2），而是介於兩者之間，由一小群的管理者和爲數龐大的社群成員所組成軟體開發方式（圖1-3）。

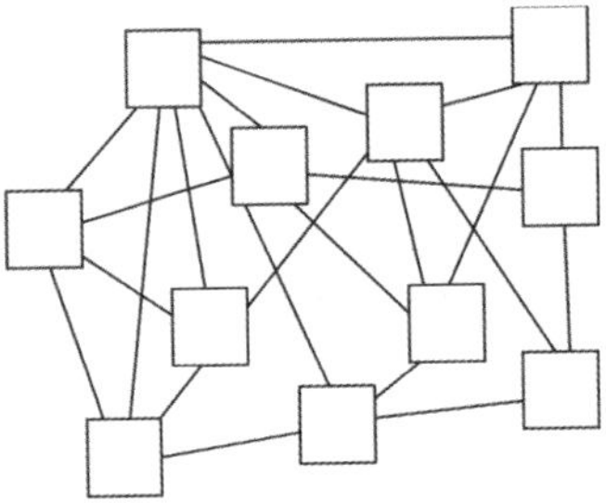

圖 1-1 市集式的軟體開發模式。

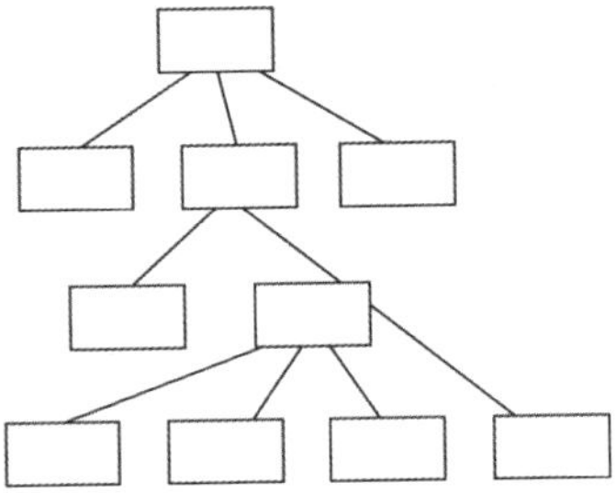

圖 1-2 傳統層級式的軟體開發模式。

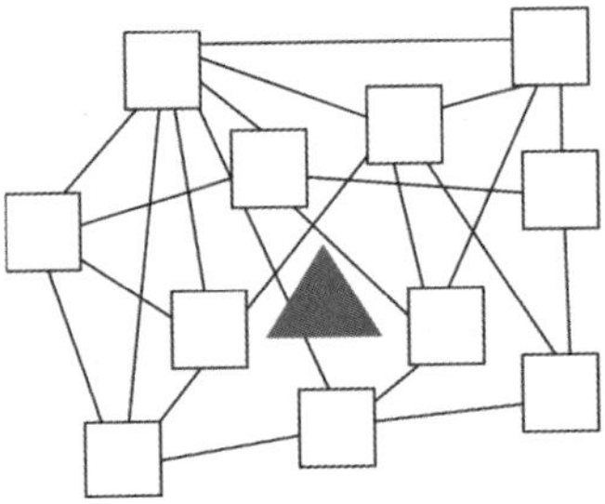

圖 1-3 Linux社群真正的軟體開發方式：
一小群的管理者，龐大的社群成員。

從軟體開發的流程來看，一個典型的開放原始碼軟體的開發週期是[10]：

(1) 管理者釋出軟體與原始碼；

(2) 使用者下載軟體與原始碼；

(3) 使用者找出問題，或是他所需要的特定功能；

(4) 使用者完成軟體的修正與更新；

(5) 更正的部分被傳送給管理者，以便被考慮加入到整個專案當中；

(6) 更正的部分在網路上被討論；

(7) 管理者評估更正版的適用性，再加入整個專案當中；

(8) 管理者釋出新的軟體版本與原始碼；

(9) 使用者下載軟體與原始碼……（進行下一個循環）。

波士頓企管顧問公司針對開放原始碼社群所做的研究，曾經將開放原始碼軟體的典型開發過程描述如圖1-4[11]：

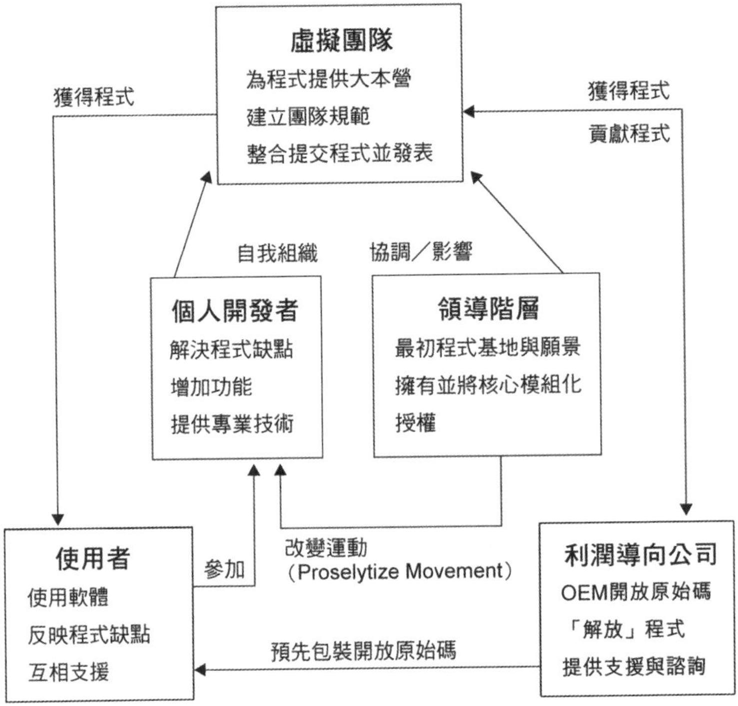

圖 1-4 開放原始碼軟體開發是如何運作的？

（資料來源：Boston Consulting Group, 2002）

開放原始碼的開發者彼此間多數互不相識，因此需要一些互動溝通的工具來完成開發的工作，這些工具主要包括：

(1) 郵件論壇（mailing list）：郵件論壇是開發者間主要的溝通工具，其中包括核心小組的開發人員、共同參與開發人員與跟隨開發者。此外，也有核心小組成員專用的郵件論壇，但是所有和開發有關的討論，還是會在開發者郵件論壇（developer mailing list）上進行。郵件論壇是平等而沒有層級的，任何人只要對開發的工作有興趣，都可以自由地加入開發者郵件論壇，參與社群的運作。郵件論壇中的電子郵件每個月會被保留存檔一次，裡頭有包含各式簡短的訊息，如技術的討論、提案更動、程式更動和錯誤報告等等。

(2) 新聞群組（Usenet）：新聞群組原本只是爲了散佈計算機程式的原始碼和相關的資訊與討論，後來則演變成一種社會媒體。基本上，任何人都可以進入新聞群組的newsgroup討論群組，使用者張貼問題到適當的討論區，其他人可以閱讀並回答問題，每一提問和回答都能直接透過電子郵件寄給對方。

(3) 網站：開放原始碼促進會有一個公開的網站是計畫的中心。網頁的通訊功能混合了FTP站、郵件論壇和新聞論壇。開發者平常的通訊很少透過網站來進行，郵件論壇和新聞論壇群組在這方面承擔了更重要的工作，但是公開網站可以讓新手閱讀到開發計畫的網頁和郵件，瞭解該社群的運作狀況與技術，以便決定是否願意參與這個團體。

(4) 開發者聚會：除了透過網路來溝通彼此，個別的開放原始碼計畫每年都會在不同的地方輪流舉行聚會，各地區也會有小規模的聚會。跨計畫間的聚會以O'Reilly開放原始碼會議最爲出名，此會議以聚集開放原始碼當中不同領域的頂尖專家與高手而聞名，其會議結果對開放原始碼軟體的發展走向有深遠的影響。最近一次的開放原始碼會議，於二〇〇一年七月二十三日到二十七日在美國聖地牙哥舉行。

此外，開發者在遇到特別的難題或狀況時，有時也會用電話溝通，但是這種狀況並不多見。換句話說，開放原始碼的開發社群是很徹底的虛擬組織，參與的成員多半互不相識，沒有事先擬好的共同目標，也沒有人來協調或命令誰該做什麼工作。

誰在開發Linux？

Linux的創始人托瓦茲之所以會發明出Linux，可以說是使用者不滿意市場上既有的產品，進而自己創造自己所需的產品的典型。如同他自己所說的：

我訂購了Minix作業系統，卻足足耗上一個多月的時間苦候它抵達芬蘭。噢，你可以從電腦店買到與Minix相關的書籍，不過，由於這套作業系統的需求量極少，所以你必須要求書店幫你訂購，價碼是一百六十九美元外加稅金、外匯折算等費率，以及其他有的、沒有的費用。我當時認爲這個價碼形同公然勒索。坦白說，現在想起來我都還會覺得心痛……。在一個禮拜五的下午，Minix終於送來了，我當晚就把它安裝上我的電腦，過程相當繁複，包括將十六片軟碟插入電腦。我整個週末全都耗在熟悉這套新系統上，以捉摸到這套新作業系統的優點，還有更重要地，看清它的缺點。爲了彌補它的缺點，我試著從大學主機電腦下載我所熟悉的程式。總而言之，我花了將近一個月的時間，才把它轉變成我自己的系統。

……Minix有很多特色讓我很失望，但是其中最令人洩氣的，要屬終端機模擬（terminal emulation）。這項功能對我十分重要，因爲我指望這道終端機模擬程式能夠幫助我的家用電腦模擬大學的電腦，換言之，這套軟體可以將我的電腦與採用不同協定的終端機銜接起來。每當我想撥接大學主機電腦的時候，就會執行終端機模擬程式，如此一來，我便可以使用學校強大的Unix電腦，或者乾脆從事線上操作。

因此，我便著手進行一項計畫，並決定創造出自己的終端機模擬程式。我無意在Minix的工作環境下進行我的計畫，而想在一個赤裸裸的硬體層面上作業……[12]。

這項計畫就是後來的Linux作業系統。了解這段Linux源起的過程是重要的，因爲有許多人誤以爲托瓦茲開發Linux的動機是反對微軟帝國的「義舉」。但是實情就如同托瓦茲自己所說的，他是爲了解決本身軟體的需求才開發軟體的。

一開始，托瓦茲所做的工作是：建立兩條獨立的線頭，一條能夠從數據機讀取資料，然後顯示在螢幕上；另一條線頭則能夠從鍵盤讀取資料，再將資料寫入數據機。換言之，托瓦茲最初所做的工作，事實上只是可以讓兩邊資料相互轉換的軟體[13]。

但是隨著托瓦茲對軟體的需求不斷增加，他也就不斷的更新與加強軟體的功能，最後終於成爲一個獨立的作業系統軟體。這其間的轉變，甚至出乎托瓦茲的預期。就如他所說的：

等到我半人半鬼的日子過了好一陣子以後，區區一個計畫竟已赫然兀自朝著作業系統的方向蛻變下去，於是我更換自己的思考模式，不再當它是終端機模擬器，而認眞地以一套作業系統來看待它……。在一刻之前，我還穿著破浴袍，拚了老命想爲一個終端機模擬器增添額外的功能，而在下一刻，它便彷彿身懷多項絕技，如蝴蝶般破蛹而出，自行蛻變成一個作業系統的雛形[14]。

在開發完成的幾個月後，托瓦茲將Linux公佈在網路上，並且用電子郵件通知了一些人。Linux核心0.01版是以C語言和三八六編譯器寫作的學生作業，容量八〇K，不到一萬行，其間經過將近一百個版本，到2.0版時，壓縮碼已達五百萬位元組，篇幅則已是超過一千萬行了。

核心成員

Linux Kernel在一九九一年十二月的0.11版中，主要的貢獻者加上托瓦茲只有四個人；一九九二年二月發表的0.13版Patches（修補程式），多數的工作已是由其他人所貢獻；一九九四年的1.0版中的貢獻者名單有八十個人；一九九六年的2.0版中已增加到一百九十人；二〇〇〇年三月的2.14版有一百九十六人；到了二〇〇〇年七月，貢獻者名單約有來自超過三十個國家的三百五十人。

除了這些核心開發小組成員直接爲核心程式做出貢獻，另外還有數千人貢獻程式錯誤修正與其他程式碼的維護，但是眞正對核心程式有重大貢獻的成員並不多，頂層的核心開發人員約有八個人。托瓦茲對這些程式碼予以篩選，並對是否納入系統做出最後的裁決。隨著Linux規模越來越大，當托瓦茲一人無法處理所有的工作時，他也開始將軟體開發的管理與協調工作委任給一些他所信任的「副手」，這些副手負責不同層次領域的軟體開發，他們擁有或多或少的控制權，雖然托瓦茲仍擁有最終的決定權，但是他極少否決這些副手所做的決定。

其餘的核心成員負責整合新功能的加入、測試新程式的相容性，以及指導程式開發者等。Linux社群雖然人數眾多，但是對產品創新的貢獻差異極大，以Linux-Kernel的電子郵件名冊的資料爲例，百分之二的貢獻者便提供了百分之五十的相關資訊。

Linux開發者的整體圖像

波士頓企管顧問公司（Boston Consulting Group）針對SourceForge[15]網站上的一千六百四十位開放原始碼開發者所作的調查（二〇〇二）發現，願意投入開放原始碼軟體開發的人實際上有四大類，依比率高低分別是：信仰者百分之三十三、樂趣追求者百分之二十五、專業人士百分之二十一，以及增進技巧者百分之二十一。

信仰者指的是認爲程式碼應該開放者，也就是從意識型態立場出發的參與者；樂趣的追求者指的是並非爲了工作需求，而是純粹尋求智識上的刺激者；專業人士指的是爲了工作上的需要與專業的地位而參與者；增進技巧者指的是爲了增進軟體開發技巧而參與者。換言之，開放原始碼社群的組成份子實際上是相當多元而分歧的，用任何單一的屬性來描述或觀察開放原始碼社群，都冒著以偏概全的風險。

這個調查也同時發現，開放原始碼社群的參與者每週貢獻開放原始碼開發的平均時間爲十四・四個小時（對特定的開放原始碼專案的貢獻時數平均則爲七・八個小時）；在參與者的背景方面，多數的參與者是專業的軟體開發人員，其次則是學生（圖1-5），參與者的軟體開發經驗平均數爲十一年；百分之八十三・五的參與者對開放原始碼社群有認同感（圖1-6）；在年齡方面，參

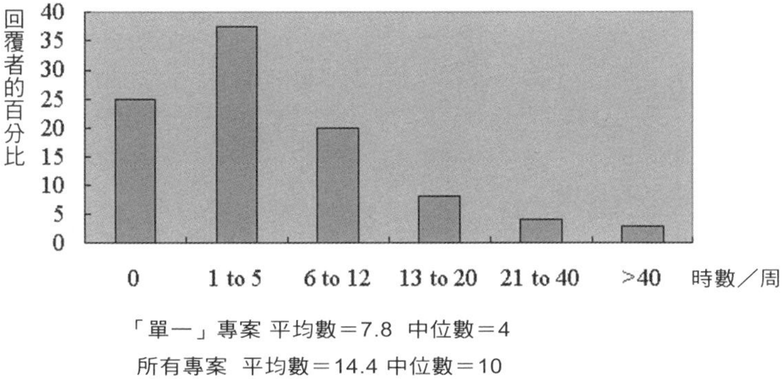

圖 1-5 開放原始碼社群成員從事開放原始碼軟體開發的平均時數

資料來源：Boston Consulting Group（2002）

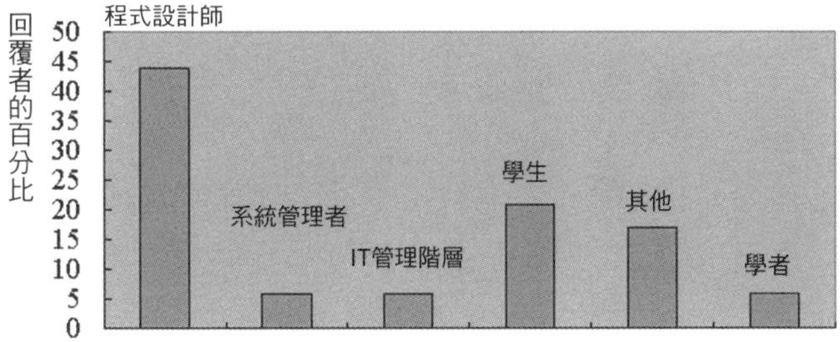

圖 1-6 開放原始碼社群的參與者以資訊科技專業人士和學生居多

資料來源：Boston Consulting Group（2002）

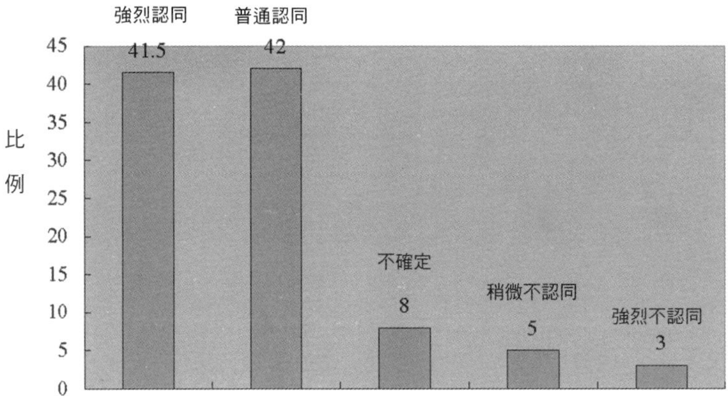

圖 1-7 多數開放原始碼社群成員對社群有高度認同感

資料來源：Boston Consulting Group（2002）

與者的平均年齡是二十八歲（圖1-7）；參與者有百分之四十八來自美洲，百分之四十二・二來自歐洲，百分之九・八來自其他地區（見附錄：表一）。

Dempsey, Weiss, Jones & Greenberg[16]運用四千六百三十三個Linux Software Maps（LSMs，Linux的開發者在貢獻軟體時所必須附上關於軟體的metadata）的十二萬九千一百零九個檔案所做的大樣本資料分析則顯示：

(1) 從貢獻者的電子郵件分析，貢獻者包括教育界與企業界，地點則散

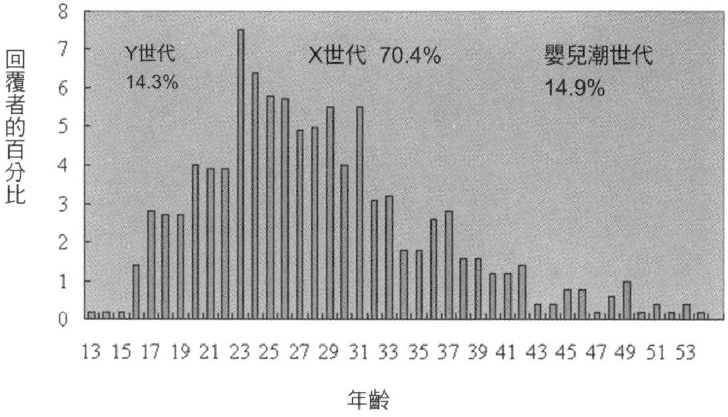

圖 1-8 開放原始碼社群成員以X世代為主，平均年齡28歲，98%是男性。

資料來源：Boston Consulting Group（2002）

佈全球各地（圖1-8與圖1-9）；

(2) 百分之三十七的努力用於更新既有檔案，百分之六十三的努力用於增加新檔案（圖1-10）；

(3) 多數的開發者僅有一次的貢獻、十次以上的貢獻者只有十三人（圖1-11）。

Linux作業系統的開發者，也包括以營利爲目的的企業。採用開放原始碼的開發模式，讓以Linux爲業務核心的企業經營模式變得相當多樣。依Markus，Manville & Agres的整理⑰，至少包括了表1-3的幾種類型。

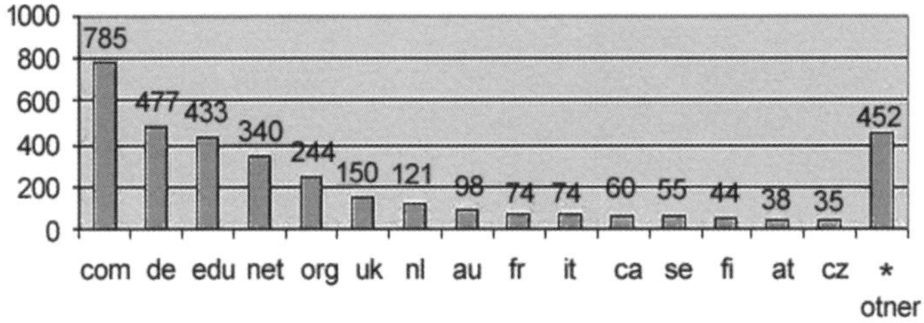

圖 1-9 Linux貢獻者的包括企業界（.com, .net）與教育界、研究機構（.edu, .org）、來自全球各地（.de, .uk, .nl, .au, .fr, .it, .ca, .se, .fi, .at, .cz）

資料來源：Dempsey, Weiss, Jones & Greenberg（1999）

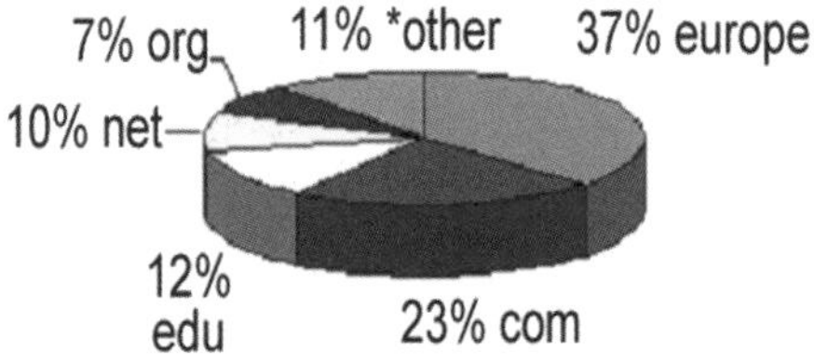

圖 1-10 Linux貢獻者的來源比重分析

資料來源：Dempsey, Weiss, Jones & Greenberg（1999）

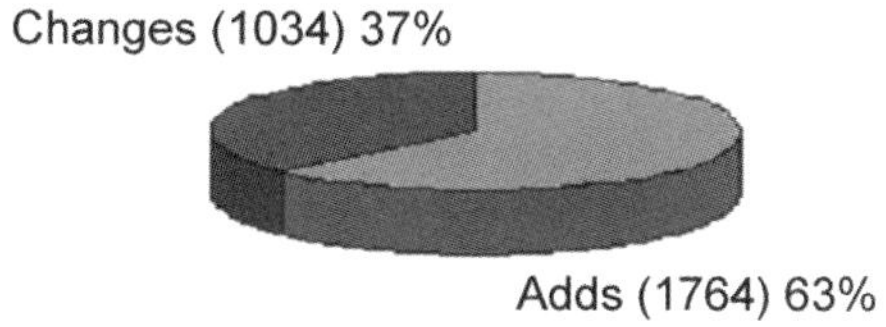

圖 1-11 Linux開發者所貢獻的工作比重

資料來源：Dempsey, Weiss, Jones & Greenberg（1999）

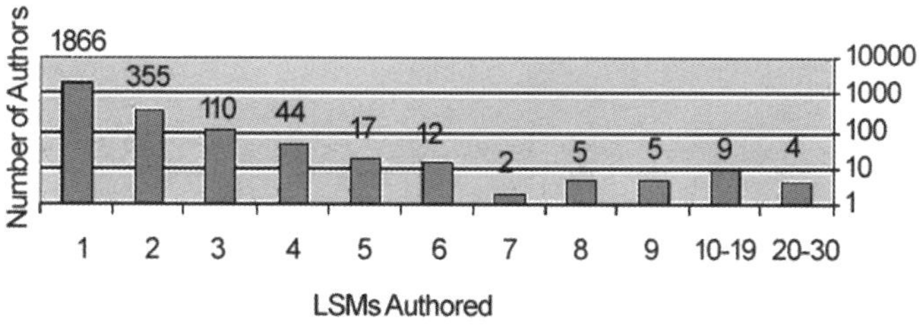

圖 1-12 多數的Linux開發者只對軟體開發有過一次貢獻

資料來源：Dempsey, Weiss, Jones & Greenberg（1999）

表 1-3 經營開放原始碼軟體企業的營運模式

模式	描述	範例
支援型賣方 (Support Sellers)	獲利來自媒體發行、品牌建立、訓練、顧問、客製化軟體開發以及售後支援。	Red Hat Caldera Systems Inc.
虧本出售 (Loss Leaders)	對傳統商業軟體來說，開放原始碼的產品被視為虧本出售的產品（這和零售實務相同）。	Sendmail Inc.
硬體附加 (Hardware Add-ons)	和軟體產業相關的公司，像是電腦硬體廠商利用開放原始碼模式來促銷硬體（例如印表機驅動程式或作業系統介面代碼）。	Corel Corporations VA Linux Systems
配件（Accessories）	公司獲利來自銷售或是支援與開放原始碼相關的軟體，例如教育書籍、光碟以及電腦周邊硬體。	O'Reilly & Associates Inc.
服務促成者（Service Enabler）	這種模式利用線上服務，開發並發行開放原始碼的軟體	網景通訊公司 ・網景網路服務中心 ・網景通訊家
品牌授權（Brand Licensing）	品牌授權組織替開放原始碼軟體創造品牌名稱，並向使用該品牌以及註冊商標以開發衍生產品的其他公司收費。	網景通訊公司 ・網景通訊家（只有網景可以用這個名字，其他人一定要用Mozilla）

模式	描述	範例
賣了就免費（Sell it, free it）	公司剛開始創造並出售專賣性產品，但轉為開放原始碼產品。這是虧本出售型的一種延伸模式。	網景通訊公司擁有部分模式
軟體代理（Software Franchising）	公司利用自己的市場優勢（例如品牌）創造其他公司，提供服務如訓練等。公司收取代理費用作為回報。	無，但SourceXchange和Cosource.com有類似特徵商業模式

資料來源：Markus, Manville & Agres（2000）

此外，像IBM這樣的大型資訊廠商本身雖然不是專門從事開放原始碼軟體業務，對開發原始碼社群的支援卻是不遺餘力。IBM不但與Intel等企業成立開放原始碼實驗室，免費讓開發社群測試相關的軟硬體，也付酬勞給部分開放原始碼的成員，還斥資四千萬美元買下軟體開發工具讓開發者免費使用；提供資源確保專案架構的運作、安裝開放原始碼軟體於它的產品當中；成立新部門負責Linux相關軟硬體的開發；進一步將開放原始程式碼如Jikes編譯器、Unicode支援等新研發成果，回饋給開放原始碼社群，並提供高手投入開放原始碼社群的研發工作等。

表 1-4 作業系統軟體的市場佔有率

作業系統軟體	佔有率
微軟視窗	94.39%
蘋果Macintosh	2.63%
Unix	0.44%
Linux	0.19%
其他	2.35%

資料來源：Web Side Story(1999)

開放原始碼軟體的市場概況

以市調公司Web Side Story在一九九九年的調查顯示[18]，Linux在個人電腦作業系統的市場佔有率僅有百分之〇．一九，但是微軟的作業系統軟體（包括Windows 95、Windows 98與Windows NT）的市場佔有率則高達百分之九十四．三九（表1-4、圖1-13）。

在伺服器作業系統市場，根據市場公司IDC的研究，Linux在二〇〇〇年的市場佔有率為百分之二十七，高於一九九九年的百分之二十四及一九九八年的百分之十七；同一期間，微軟視窗2000的市場佔有率則從一九九九年的百分之三十八增加為百分之四十一[19]。

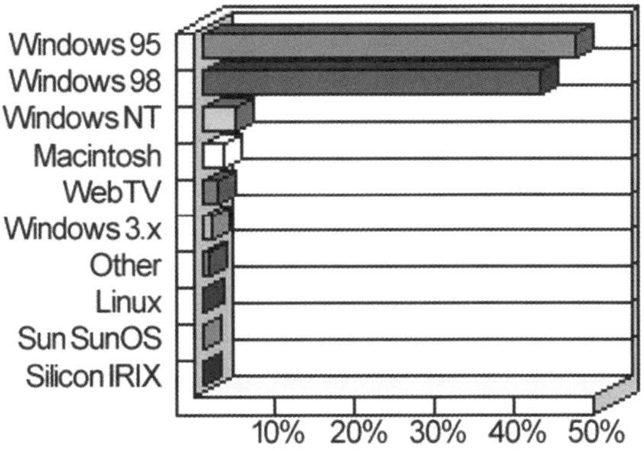

圖 1-13 個人電腦作業系統的市場佔有率

資料來源：Web Side Story（1999）

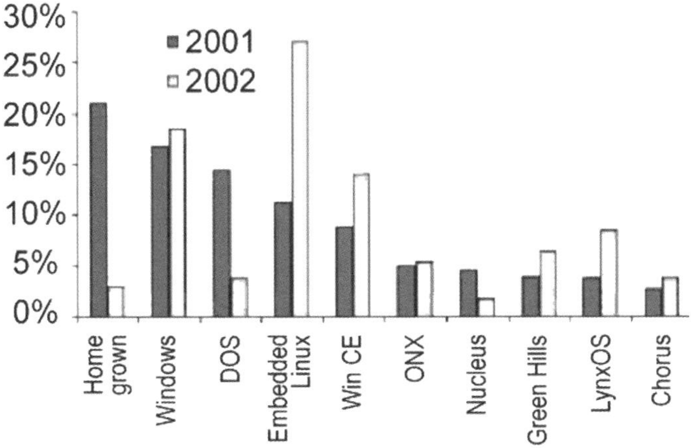

圖 1-14 嵌入式作業系統在2001年的排名、2002年市場預估

資料來源：Event Data Corporation 2001 Embedded Systems Developer Survey

表 1-5　微軟與Linux在不同作業系統軟體市場的比較

	微軟	Linux
個人電腦作業系統（1999年）	94.39%	0.19%
伺服器作業系統（2000年）	41%	27%
嵌入式作業系統（2001年）	9%	12%

製表：本研究整理

資訊家電（IA）廣爲應用的嵌入式作業系統（embedded operating system），根據市調公司Evans Data Corporations在2001年的調查[20]，Linux排名第四位（第一位爲各家廠商自行研發的作業系統的總合）。

從以上數據的比較分析我們可以發現，硬體平臺越多元的市場，Linux便有較高的市場佔有率，個人電腦作業系統則仍然清一色是微軟的天下（表1-5）。

授權模式與使用者動機

關於開放原始碼軟體爭議最大、誤解最多的，就屬開放原始碼的授權協議及參與者動機。

這些誤解與爭議主要有：

(1) 開放原始碼軟體不靠智慧財產權的保護也可以開發出軟體，讓所有的人免費使用，因此智慧財產權是多餘的，靠智慧財產權保護的商業軟體公司都是吸血鬼，應該遭到抵制；

(2) 參與開放原始碼軟體開發的商業公司就是站在消費者這一邊的，因此較爲符合社會正義；

(3) 既然開放原始碼軟體是免費的，採用開放原始碼軟體的成本當然比較低，甚至是零成本。

以下我們的分析將會說明，這些看法不但是不正確的，而且是對軟體產業或開放原始碼軟體的發展不利的。

第一個開放原始碼授權系統，是史托曼的「通用公共授權」（GPL, General Public License）授權系統，爲的是要保護GNU作業系統。當時AT&T決定要對Unix作業系統進行專屬的控制，史托曼才決定要發展一套與Unix類似的自由軟體。史托曼成立了自由軟體基金會（Free Software Foundation）來執行這個計畫[21]。

Linux之所以得以在全世界自由流通並保持開放，原因在於托瓦茲在開發過程中，採用了史托曼開發的通用公共授權，讓使用者可以免費下載與使用軟體，同時也可以對軟體進行修改，再將修改後的版本繼續免費流通。

就是因爲這段歷史，讓多數人將GPL等同於開放原始碼軟體。但是事實上，開放原始碼的定義與內涵，要比GPL豐富許多。

開放原始碼促進會（Open Source Initiatives）曾將開放原始碼定義如下[22]：

(1) 免費自由重複散佈：當一套散佈的軟體是由若干不同來源的程式組成時，授權協議不得限制任何一方銷售或讓予已成爲其中一部分的開放性原始碼程式，亦不得要求從該項銷售中索取使用費或其他費用；

(2) 原始碼：軟體應附有原始碼，該軟體應以編譯版以及原始碼的形式散佈。如一項產品中的某些部分未附有原始碼，則應有公開的方法可以取得且不用花費太高的複製成本，如透過網際網路下載。原始碼的格式必須能讓使用者便於修改，不要使原始碼變得艱澀難懂，亦不能使用預處理器或轉譯器處理後所得的形式；

(3) 衍生軟體：授權協議應允許修改軟體和衍生軟體，並允許修改後的軟體和衍生出的軟體以原軟體的同一條件散佈；

(4) 原作者程式碼的完整性：授權協議可限制原始碼以修改後的形式散佈，除非爲修改軟體的目的在最後編輯時原始碼連同修改程式一起散佈。授權協議必須明確規定允許散佈根據修改後的原始碼編制的軟體。授權協議可要求衍生軟體使用不同的名稱或版本號碼，以有別於原始軟體；

(5) 對任何人或群體不應有差別待遇：授權協議絕對不可以歧視任何人或群體；

(6) 對任何專業工作領域不應有差別待遇：對任何人將程式用於任何特定專業領域，授權協議都不得限制。舉例來說，授權協議不得限制程式用於商業上或用於遺傳基因的研究；

(7) 授權協議的散佈：隨程式所賦予的任何權利必須適用於該程式的再散佈，而無需再取得額外的授權協議；

(8) 授權協議不得針對特定一項軟體產品：一程式所賦予的權力不因該程式的完整性與否而有所不同。如果從一套程式中取用一組程式，並根據該程式的規定使用或散佈這組程式，則得到這組程式的所有人／群體其權利與原軟體的使用者其權利相同；

(9) 授權協議的規定不得限制其他軟體：授權協議不得對和授權軟體一起散佈的其他軟體作出任何限制。例如，授權協議不得要求所有利用同一媒介散佈的其他軟體都必須爲開放原始碼軟體。

換句話說，只要能符合以上九個條件的，都可以稱之爲開放原始碼軟體，而不僅限於GPL。

在這樣的基礎之上，目前開放原始碼協會（Open Source Initiative）所認可的開放原始碼授權協議已多達四十三種[23]。此外，值得注意的是，許多商業公司也訂定該公司所獨有的開放原始碼授權模式[24]，而不是只有個人或是非營利事業組織。

開放原始碼的類型之多，一般人恐怕不是很容易理解其間的差異，Lerner & Tirole的研究[25]則是依授權協議的嚴格與否，將SourceForge網站的近四萬個開放原始碼軟體開發專案做分類。嚴格與否，Lerner & Tirole則是用兩個面向來衡量：

(1) 當取得授權後的軟體被進一步開發與修正，如果要再流通與發行，其原始碼是否也必須公開。這樣的條款有時被稱之爲「copyleft」條款。具備這樣的條款，Lerner & Tirole將其定義爲「嚴格」。

(2) 授權協議是否限制程式的修正版的原始碼不得與其他使用不同授權模式的軟體結合或混用。這樣的條款，有時被稱之爲互惠（reciprocal）或是「病毒」（virtal）條款。具備這樣的條款，Lerner & Tirole將其定義爲「非常嚴格」。

在這樣的定義之下，Lerner & Tirole將授權協議分爲三種等級：

(1) 不嚴格（unrestrictive）：以BSD授權協議爲代表。

(2) 嚴格（restrictive）：以LGPL授權協議爲代表（授權協議的詳細內容見附表二）。

(3) 非常嚴格（highly restrictive）：以GPL授權協議爲代表。

其他授權模式的分類，則是如表1-6。

表 1-6 開放原始碼授權協議的類型

授權協議名稱	嚴格	非常嚴格	觀察的樣本	具有開發活動資料的觀察樣本
Apache Software L（License）	N	N	301	121
Apple Public Source L 1.2	Y	N	15	3
Artistic L	N	N	736	223
BSD L	N	N	1708	618
Common L	Y	N	34	18
Eiffel Forum L	Y	N	5	3
General Public L	Y	Y	18133	5801
IBM Public L 1.0	Y	N	33	7
Intel OSL	N	N	10	6
Jabber OSL	Y	N	20	7
Lesser General PL	Y	N	2501	1047
MIT L	N	N	395	151
MITRE Collaborative Virtual Workspace L	Y	Y/N	5	1
Motosoto L	Y	N	0	0
Mozilla PL 1.0	Y	N	229	76
Mozilla PL 1.1	Y	N	134	62
Netback PL	Y	N	16	6
Nokia OSL	Y	N	5	2
Open Group Test Suite L	N	N	1	0
Python（CNRI） L	N	N	162	53
Python Software Foundation L	N	N	0	0
Qt PL	Y	N	136	39

（續上頁）

授權協議名稱	嚴格	非常嚴格	觀察的樣本	具有開發活動資料的觀察樣本
Ricoh Source Code L	Y	N	5	3
Sleepycat L	Y	N	5	2
Sun Industry Standards Source L	N	N	26	9
Sun PL	Y	N	0	0
University of Illinois/NCSA OSL	N	N	1	1
Vovida Software L 1.0	N	N	1	0
W3C L	N	N	0	0
X.Net L	N	N	0	0
Zope PL 2.0	N	N	125	47
Zlib/libpng L	N	N	0	0
Other/Proprietary	?	?	531	220
Public Domain	N	N	820	244

資料來源：Lerner & Tirole(2002)

爲什麼瞭解開放原始碼的授權協議類型是重要的呢？我們可以試想，如果開放原始碼的定義只是單純的免費、自由流通，那麼其實也就不需要這麼多授權協議的類型了。

這四十三種開放原始碼授權協議，其實同樣都是智慧財產權的一種類型，只是規範嚴格與否的程度有別（圖1-15）。越往圖1-15的左端，越能夠吸引軟體開發的散戶來參與[26]，不過商業公司則很難在這樣的授權模式下存活[27]。越往圖的右端，不管是商業公司或是個人，便越具備傳統的經濟誘因（出售軟體）來開發軟體，但是卻很難讓龐大的社群成員來共襄盛舉。

不管是哪一種授權模式，都沒有絕對的優劣之分，而是要看組織所採行的策略而定。我們在第四章中將會進一步討論，微軟從開放原始碼軟體的發展過程中，體認到社群參與的重要性，提出Share Source Initiative與特定的合作夥伴和顧客共享原始碼，其實便是往光譜的左邊做策略性的移動；許多以開放原始碼爲號召的軟體公司如果要能夠在資本主義的體制之下生存，則是必須開始往光譜的右邊移動，而這也是爲何會有這麼多種類型的開放原始碼授權模式出

圖 1-15 開放原始碼的43種授權模式

現的主要原因。

因此，從軟體開發的角度來看，我們要破除以下的迷思：

(1) 軟體的授權模式（也就是智慧財產權的配置方式）不是越開放越好。當然，也不是越封閉越好，而是要看在策略上，需要動員誰的力量來開發軟體而定；

(2) 支持開放原始碼軟體的企業不具備較高的道德正當性，只是策略的選擇不同而已；

(3) 商業軟體公司也可以是開放的，開放原始碼軟體也有可能是商業的、根本上的差異，其實是軟體開發方式的不同。

附註

①見Moody, G (2002). Rebel Code, New York: Perseus Publishing。

②與軟體智慧財產權保護相關的法規包括著作權、專利權、營業秘密與商標權等等。

③駭客(hacker)一詞，現在常常被用來指稱是在網路上做壞事、散發病毒的奇怪人種，但是根據駭客們自己所編撰的《行話檔案》(jargon file)，駭客指的是「一群高度熱衷於寫程式的人」。

④後面我們將會進一步分析，開放原始碼社群的運作事實上同樣依賴著作權，只是運用著作權的方式和過去截然不同。

⑤這是一個開放原始碼軟體的支持者常見的迷思：因爲軟體最初是開放原始碼的、是免費的，後來才被商業公司所污染，所以軟體就應該是免費的。其實從產業創新的角度來看，應該是比較軟體的開發在商業公司介入、逐漸轉爲由智慧財產權保護之後，究竟創新的速度與效率是更好或是變差了，才是眞正有意義的議題。

⑥Moody, G (2002). Rebel Code, New York: Perseus Publishing。

⑦Torvalds, L. (2001). Just for Fun, United States: Harper Collins。

⑧Forbes, 一九九八年八月十日。

⑨Markus, M. L., B. Manville & C. E. Agres (2000). 'What Makes a Virtual Organization Work?' Sloan Management Review, Fall。

⑩Edwards, K. (2001). 'Epistemic Communities, Situated Learning and Open Source Software Development', Working Paper, Department of Manufacturing Engineering and Management, Technical University of Denmark, Denmark。

⑪ 見http://www.bcg.com/opensource/BCGHackerSurveyOSCON24July02v073.pdf。

⑫ Torvalds, L. & Diamond, D. (2001). Just for Fun，梁曉鶯譯，台北，經典傳訊。

⑬ 同註⑪。

⑭ 同註⑪。

⑮ SourceForge是全球最大的開放原始碼開發服務網站，在上面登錄的開放原始碼專案已超過五萬、註冊的使用者超過五十萬人。網址http://sourceforge.net/。

⑯ Dempsey, B. J., D. Weiss, P. Jones & J. Greenberg (1999). 'A Quantitative Profile of a Community of Open Source Linux Developers', School of Information and Library Science, University of North Carolina at Chapel Hill, SILS Technical Report, TR-1999-2005。

⑰ 同註⑪。

⑱ 網頁：http://www.websidestory.com/。

⑲ 見http://zdnet.com.com/2100-11-528546.html?legacy=zdnn。

⑳ 見http://www.evansdata.com/n2/strategic_developer_studies.shtml#linux。

㉑ 自由軟體基金會網址: http://www.gnu.org/home.html。

㉒ http://www.opensource.org/docs/definition.php，最近一次登錄2003年01:50。

㉓ 此一數字，仍在不斷增加當中，網址http://www.opensource.org/licenses/。李熙偉(2002)的研究曾對其中的三十一種做了整理，見附錄：表二。

㉔ 像是蘋果電腦的Apple Public Source Licence、IBM的IBM Public Licence、Intel的Intel Open Source License和Sun的Sun Public License等均屬之。

㉕ Lerner, J. & J. Tirole. (2002). 'The Scope of Open Source Licensing', Working Paper, Harvard

University.

㉖ 散戶指的是自願參與軟體開發者、純粹想使用免費軟體者、把開發軟體當成自我訓練或是與他人交流等等的混雜組合。

㉗ 特別是病毒條款，商業公司即使投入大量的資源與金錢研發軟體，也必須放棄傳統的智慧財產權保護。

2 開放原始碼軟體的優點

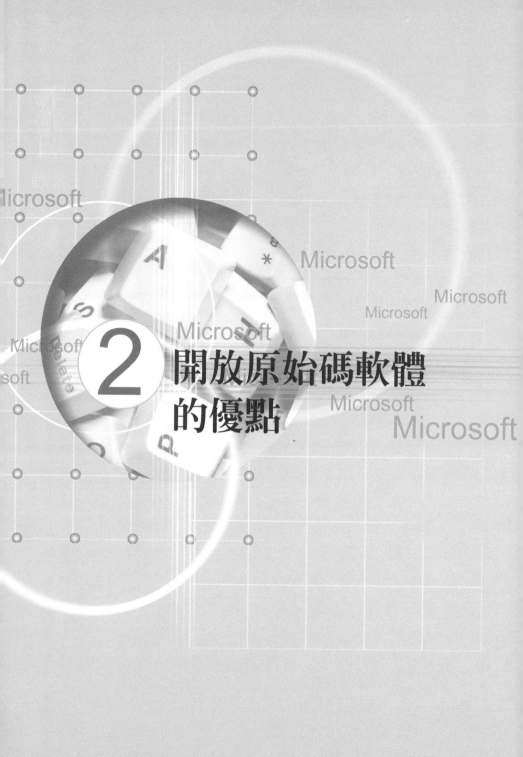

一度讓人目眩神迷的網路經濟或是新經濟，從現在的眼光來看，簡單的說，就是顧客力量的崛起。

像是電子商務，如eBay顧客對顧客（C to C）交易模式，網路的使用者同時扮演買方和賣方的角色，廠商只扮演交易平台的提供者；網路社群的經營模式，如City Family，網友自行生產討論區的內容、自行搭建個人網站；網路電子報，像是過去的明日報，讓每個人都可以自己辦報、自己當總編輯；而Linux軟體作業系統，則讓每個人都可以依自己的需要，開放性地修正、改進程式。這些營運模式被視爲是新經濟營運模式的完美典範，是顧客力的充分展現。經營者花費最小的力氣，卻又最能符合顧客的需求；沒有人會比自己更了解自己的需求。

但是新經濟的樓起樓塌，也可以說是成也顧客，敗也顧客。運用顧客的力量，乍看之下本小利多，所以讓善用顧客力量的企業快速崛起；過度迷信或依賴顧客的力量，卻也是這些企業不能獲利的主要原因。

在這一章，我們將先回顧企業在創新的過程中，運用顧客力量的歷史，再看看開放原始碼軟體運用顧客力量的方式有何不同，以及像這樣的軟體開發模式所帶來的意義。

顧客力的歷史

了解顧客的重要性，並不是新鮮事。

早在四十年前，Levitt①就已提出，顧客的滿意是任何企業存在的終極目標。宣稱自己的企業是所謂的顧客導向（customer orientation），這後來也成爲許多企業開宗明義的企業目標之一。

一般而言，顧客導向指的是一家廠商集中心力於提供能滿足顧客需求的產品。Schneider & Bowen②則更進一步指出，顧客導向是對顧客組織上的承諾，像是廠商與顧客之間互相分享價值與策略。爲了要達到這樣的目的，廠商必須直接與顧客接觸，收集關於顧客需求的資訊，並利用顧客提供的資訊來設計產品與服務。

顧客導向的概念，後來也被戴明（Deming）等學者延伸運用到品質管理的領域，讓戴明在一向注重品管的日本紅極一時。

從產品研發的角度，Kaulio[3]曾依顧客參與研發活動的類型與階段，將過去顧客參與新產品創新的方式與理論，做了一個頗爲完整的回顧（如圖2-1）。

除了研發活動以外，顧客也可以參與管理決策、人事的選擇、表現的評估、政策的發展和可信度的量測。讓顧客參與組織的決策過程，可以作爲提高顧客忠誠度與承諾的工具。

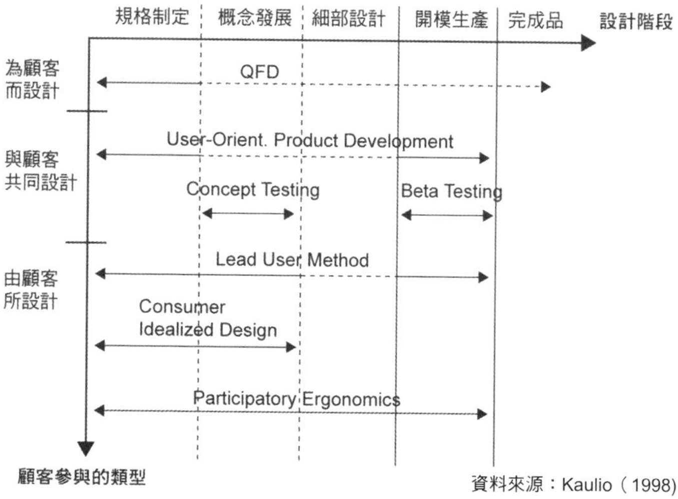

資料來源：Kaulio（1998)

圖 2-1 顧客參與設計的不同階段與類型

麻省理工學院的教授von Hippel④指出，長久以來，大家都假設產品的製造商理所當然就是產品創新的功臣。然而，這個假設經常是錯誤的。von Hippel認爲，創新的來源各不相同，在有些領域裡，創新的使用者開發出大部分的創新，有些領域的創新則是來自與創新相關的零件與材料供應商。在某些領域裡，因襲成規的智慧就足以適用，此時產品製造商的確就是典型的創新者。

創新會來自何處呢？von Hippel認爲，這牽涉到企業或個人會不會因爲某一項產品、過程或是服務創新而得利。是因爲使用而得利嗎？創新者就會是使用者；是因爲製造而得利嗎？製造商就會是創新者；是因爲提供創新需要的零件與材料而得利嗎？供應商就會有意願創新。

von Hippel針對許多產業的研究發現，創新的來源有著產業別的差異，但是使用者的創新卻絕非特例（如表2-1、表2-2）。

此外，von Hippel⑤歸結過去產品創新來源的諸多研究發現（表2-3），在新產品與新製程的初期開發階段中，使用者往往比製造廠商貢獻更大。

表 2-1 產業的創新來源

產業別	創新的來源 使用者	製造商	供應商	其他	NA[a] (n)	總和 (n)
科學儀器	77%	23%	0%	0%	17	111
半導體與印刷電路板流程	67	21	0	12	6	49
Pultrusion process	90	10	0	0	0	10
牽引機、挖土機相關	6	94	0	0	0	16
工程塑膠	10	90	0	0	0	5
塑膠添加劑	8	92	0	0	4	16
工業氣體使用	42	17	33	8	0	12
熱塑性塑膠使用	43	14	36	7	0	14
Wire Termination使用	11	33	56	0	2	20

NA[a]＝表格中資料無取得數字（NA取樣由表中百分比計算裡排除）

資料來源：von Hippel（1988）

表 2-2 使用者在五種產品類別創新的比率

創新領域	使用者範本數量	使用者創新的比率	創新使用者是否為領先使用者？
工業產品			
印刷電路板電腦輔助繪圖軟體	參加電腦輔助繪圖會議的136位與會者	24.3%	是
管路懸掛硬體	74個管路懸掛裝置公司	36%	不詳
圖書館資訊系統	102個使用電腦化資訊系統的澳洲圖書館	26%	是
消費性商品			
戶外消費產品	153個專業戶外郵購目錄收件者	9.8%	是
極限運動設備	197個專業使用者	37.8%	是
登山自行車設備	291個專業使用者	19.2%	是

資料來源：von Hippel（2002）

表 2-3 重要商業創新功能來源的實證研究

研究	創新性質與選擇標準	創新產品開發者：			
		N	使用者	製造商	其他
Knight（1963）	1944-1962電腦創新：				
	─ 系統性能創新高	143	25%	75%	
	─ 系統結構大幅度創新	18	33%	67%	
Enos（1962）	重大石油加工創新	7	43%	14%	43%
Freeman（1968）	化學原料加工與處理設備獲得執照1967	810	70%	30%	
Berger（1975）	1955年以後在美國開發的工程聚合物（>10^6lbs），1975年生產	6	0%	100%	
Boyden（1976）	製造塑膠的化學添加劑：所有二次大戰後使用四種主要聚合物開發的塑化劑與UV穩定裝置	16	0%	100%	
Lionetta（1977）	於1940~1976年間首次採用的塑膠拉擠成型機之創新，並提供使用者大量功能	13	85%	15%	
Lionetta（1977）	於1940~1976年間首次採用的塑膠拉擠成型機之創新，並提供使用者大量功能	13	85%	15%	
Shah（2000）	所有滑雪板、衝浪板、滑板設備的重要創新：新開發（如第一個滑板）的重大改進	3	100%	0%	0%
		45	58%	27%	15%

續上頁

研究	創新性質與選擇標準	創新產品開發者：			
		N	使用者	製造商	其他
von Hippel（1976）	科學儀器創新：				
	—新開發	4	100%	0%	
	—重大改進	44	82%	18%	
	—細部改進	63	70%	30%	
von Hippel（1977）	半導體與電子組件製造設備：				
	—商業生產的第一套設備	7	100%	0%	
	—重大改進	22	63%	21%	16%
	—細部改進	20	59%	29%	20%
VanderWerf（1982）	剪線器與連接器設備	20	11%	33%	56%

資料來源：von Hippel（2002）

von Hippel指出，開放原始碼軟體開發社群是一個很特別的個案……軟體的使用者是創新最頻繁的貢獻者。Niedner et al[6]的研究也支持這個看法。開放原始碼計畫的程式貢獻者認為，「更好的軟體能幫助我的工作」這項原因，是促使他們投入計畫的最主要動機；同樣的，Lakhani & Wolf[7]的研究也指出，百分之五十九的開放原始碼貢獻者表示，最後的產出成果是促使他們投入軟體創新的三大誘因之一。

微軟如何運用顧客的力量

可用性實驗室

和多數大型軟體公司一樣，微軟設有可用性實驗室以了解使用者使用微軟軟體的情況。多數企業的可用性實驗室，都是用來測試新產品概念或是改進現有產品。微軟的可用性實驗室則更進一步用來評估功能的可用性，是微軟開發的正常程序的一部分。

當微軟的開發人員認爲完成一項功能，或是幾乎完成一項功能以後，程式經理便會開始安排將這項功能放到可用性實驗室。有時開發人員也會做一個特別版本，或是在還沒有眞正完成、但已想進行實驗時，做一套模擬版本。一般來說，每個會影響到使用者的功能，都會經過可用性實驗室測試。

在可行性實驗室中，有一組大約三十到三十五人的專家，專門從各種易用性的角度，評估各種應用產品和部分系統產品是否能很容易被使用者接受。蓋茲本人對Office軟體所作的大量可用性測試評語爲：

我們做出原型，放進可用性實驗室，看著一般使用者坐在電腦前眞正開始用起程式來。而我們得到的回饋就是：從這裡，我們學到一再精煉程式。Office 4.0……，至少用了八千個小時的可用性實驗室時間以後，我們才確定這東西是正確的，可以放進市場了⑧。

在一個微軟標準的可用性測試中，實驗室會任選十個使用者，讓他們分別坐在獨立的房間中。實驗室的工作人員會要求使用者利用產品執行一個特定任務，像是創造一個新文件，或是組織一項金融資料，將資料放進一個報表中等。使用者專家會在鏡子後面觀察，並錄影使用者的動作。一般來說，工作人員不會給使用者太多的指導，所以產品必須很容易了解，否則使用者就無法完成任務。測試人員會將使用者的問題記錄下來，和在沒有使用者手冊的情況下完成任務的比率。

微軟的測試人員一個星期大約爲一樣產品做兩次測試，並在每個半天的測試中，評估大約三項功能。開發人員從測試報告中，了解實驗室使用者所遇到的問題，並與程式經理和使用者測試人員討論使用者的反映。

一般而言，可用性實驗室並不輔助總體的產品設計，而是將工作重點放在提供立即的使用者資訊回饋，以幫助開發人員決定如何讓新功能簡單到讓使用者一目了然。

不過，實驗室也有其限制。他們喜歡從新的使用者，而非有經驗的使用者之間選樣，而且定義越清楚的問題，在實驗室中越容易找到答案。

上市前版本測試

微軟視窗產品的各種指令、輸入資料以及系統的交互作用整合，會造成實際使用軟體時所面對的狀況，幾近是無限多種。爲了要解決這樣的問題，微軟會進行大型的眞實測試，也就是上市前的版本測試。微軟的系統產品特別經常進行上市前版本測試，有時會花半年到一年，甚至更長的時間來執行。微軟的錫維伯格指出：

我們在系統工作群中做的另外一件、改變整個軟體開發的事情，就是從事上市前版本測試。我們發現，從Windows 3.0，到MS-DOS 5，再到Windows 3.1，系統軟體被應用到很多不同的機器，產生幾近瘋狂的多樣硬體組合。我們根本沒有辦法預測，什麼人會把它用在哪種電腦。在任何情況下，內部無法完全測試所有的組合。我們必須非常、非常依賴外部做完整的上市前版本測試。

在應用軟體上大概也一樣，過去在公司內執行上市前版本測試，大概做個三百、五百，頂多一千。可是我們發現，必須到外面實地去做上市前版本，用外面的上市前版本測試員。在加入MS-DOS 5工作小組後，我看看資料，發現只有三百個人在公司裡面作測試。而這時候，我們才剛推出MS-DOS 4，大量瑕疵的慘痛經驗記憶猶新。我向波爾曼建議，或許應該把上市前版本測試人員數目加到三千之類的……。「你瘋了嗎？三千個人到公司來做測試？沒有人這樣做過！你怎麼會這麼想？」可是結果很好，而且我們發現很多人都想要替我們測試。最後用了七千五百人，而我們的成品非常牢靠。到了Windows 3.1，最後用到一萬五千人，結果也非常好，和硬體及軟體的相容性都極佳[9]。

到了Windows NT 3.0，有七萬五千人參與產品測試，Windows 95有四十萬人次，Windows 2000則已高達六十五萬人。Cusumano & Selby曾將微軟產品開發過程中，顧客資訊與知識的投入整理如圖2-2。

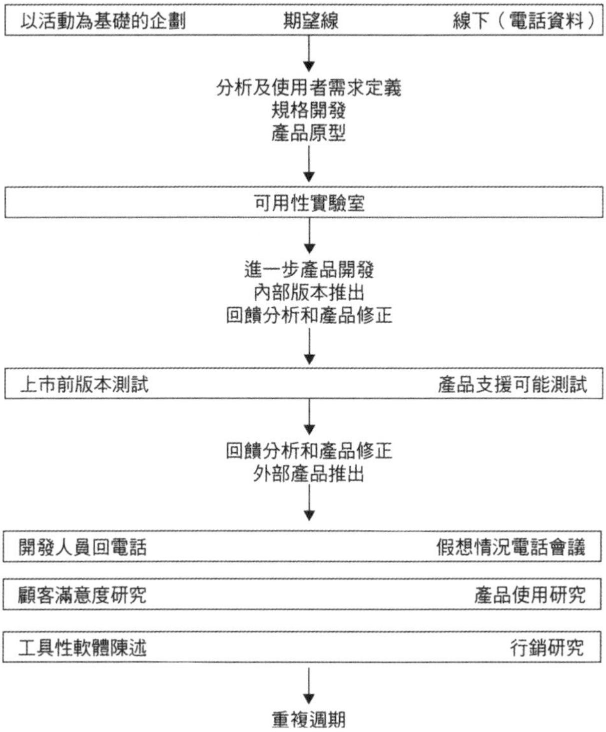

圖 2-2 微軟產品開發顧客的知識投入

資料來源：Cusumano & Selby（1997）

從微軟透過與顧客的互動來改善產品的經驗來看，顧客力量的動員似乎已達極致了，有數十萬的顧客參與其中，這在過去是無法想像的數字。

但是，儘管顧客力的運用在產業發展史上已經佔據了重要的地位，但是過去的顧客參與創新活動仍有一些限制：

(1) 顧客參與企業活動的方式與程度，仍然是被廠商所決定的；

(2) 顧客的參與，從未成爲企業活動的核心。

儘管顧客力運用在許多領域都有深化的趨勢，但是廠商與顧客之間的互動，基本上仍是由廠商所決定的。多數的顧客無法接觸到廠商內部的資料，與企業及企業成員的接觸是被預先規畫好，並且小心加以控制的。廠商仍有權決定接受或拒絕顧客的建議或要求。廠商對顧客的投資或訓練多數是集中在如何使用產品或服務，而非團隊的建立、決策的參與或是溝通管道的建立。

顧客的新角色

企管大師普哈拉[10]（C. K. Prahalad）指出，過去的商業競爭就像傳統劇場一樣，舞台上的演員各司其職，觀眾付錢買票進場，舒舒服服坐在位置上，好整以暇地觀看表演。在商場上，企業、通路商與供應商也認清並遵循這樣的遊戲規則，不逾越自己的角色範圍。

但是現在商業競爭面貌已經大大改變，就像是一九六〇、一九七〇年代的實驗劇場，任何人都可以在戲裡軋上一角。

商業生態的劇烈改變，一直是過去幾年經營管理論戰的焦點。許多業界人士和學者都指出，企業間的競爭開始變成是以家族為單位（competing as a family），並討論企業之間的聯盟、網路，與合作關係。但是這些經理人與研究者大體上都忽略了顧客的角色——一個徹底改變產業體系的媒介（表2-4）。

拜網路出現之賜，消費者開始與提供製造、服務的廠商積極產生對話，而這個對話也不再由企業掌控。每個獨立的消費者可以靠自己或和其他消費者討論、應付並學習商業相關知識。消費者甚至可以發起對話。他們已經離開觀眾席，跳到舞台上。

消費者從根本上改變了市場的生態。市場已經變成消費者積極在其中創造並競逐價值的一個公衆場所。這個新市場的特色在於，消費者成爲企業競爭力的一個新來源。所謂消費者帶來的競爭力，是指他們所擁有的知識和技巧、願意學習與實驗的精神，以及參與積極對話的能力。

把能力視爲競爭優勢的概念，源自對多角化企業的研究。普哈拉強調，經理人開始把企業看成不同競爭力的集合體，而不只是企業各單位的一份清單。因此經理人得以發現新的商業契機，尋找新方法來拓展企業智慧資產。經理人最終體認到，企業也可以利用供應鏈夥伴（supply-chain partners）的競爭力。過去十年來，經理人致力尋找競爭力不遺餘力，現在他們利用一個供應商和通路商組成的廣大網路。隨時間演進，策略分析由過去的單一企業、企業家族，最後轉變成擴張型企業（extended business），也就是中間有一個核心企業，四周被群集的供應商包圍。但是認識到顧客是能耐的來源之一，迫使經理人撒出一張更大的網：競爭力已經是整個系統可獲得的共同知識，而這個系統是由傳統供應商、製造商、夥伴、投資人以及顧客組成的新型網路（表2-5）。

表 2-4 顧客的演化與轉型

顧客正步出傳統的角色，轉變為同時是價值的創造者與消費者。本表顯示的是顧客角色演化的三個階段，以及不同階段的幾個關鍵面向

	顧客作為消極的受眾			顧客作為積極的參與者
	說服預先決定好的特定購買者。	與個別的購買者交易。	與個別顧客的終身關係。	顧客做為價值的共同創造者。
時間的進程	1970年代，1980年代早期。	1980年代晚期和1990年代早期。	1990年代。	2000年以後。
市場交易的本質和顧客的角色	顧客被視為是消極的購買者，消費的角色是被預先決定的。			顧客是enhanced network的一部分，與企業共同創造與提升市場價值。顧客與企業是合作者，共同開發者和競爭者。
管理思維（managerial mind-set）	顧客是企業所預先決定好的統計平均值意義下的一群購買者。	顧客是單一交易中的單一統計數字。	顧客是增強信任與關係的個體。	顧客不僅是一個個體，同時也是浮現中的社會與文化結構的一部分。

（續上表）

		顧客作為消極的受眾		顧客作為積極的參與者
企業與顧客和產品開發的互動	傳統的市場研究與調查，產品與服務在開發過程中沒有太多的顧客回饋。	從單純銷售產品，轉為透過help desks, call centers,和顧客服務方案來幫助顧客。從顧客那裡找出問題之所在，然後依那樣的顧客回饋來設計產品與服務。	透過使用者的觀察來提供顧客產品。從lead user那裡找出解決方案，並依對顧客的深層理解來重新架構產品與服務。	顧客是個人化經驗的共同開發者。企業與早期顧客為產品或服務在教育，形塑消費者期望和共同創造市場接受度方面是合作者的角色。
溝通的目的與方向	接近並對準特定族群的購買者。單向溝通。	資料庫行銷。雙向溝通。	關係行銷。雙向的溝通與可接近性。	積極地與顧客對話以形塑對產品的期望，創造不同的聲音。多層次的接觸與溝通。

資料來源：Prahalad & Ramaswamy（2000）

表 2-5 移轉中的核心優勢之所在

	企業	家族（family）／企業網路	Enhanced Network
分析的單位	企業	擴張性的企業（the extended enterprise）－企業及其供應商與合作伙伴。	整個體系──企業，其供應商及其合作夥伴與顧客。
來源	企業內部可獲得的資源。	接觸其他企業的優勢與投資。	接觸其他企業的優勢與投資，以及顧客的時間與努力所帶來的優勢。
取得優勢的基礎	企業內部的特定過程。	網路內部企業的專屬性接觸。	多元的顧客得以持續積極對話的基礎架構。
企業經理人所獲得的價值	培養與建立優勢。	管理合作關係。	利用顧客的優勢，管理個人化的經驗，並形塑顧客的期望。
價值創造	獨立的。	與夥伴企業合作。	與夥伴企業和積極的顧客合作。
管理張力的來源（sources of manageri-al tension）	營運單位的自主權與核心優勢的槓桿運用。	夥伴同時是價值的合作者和競爭者。	顧客同時是價值的合作者和競爭者。

資料來源：Prahalad & Ramaswamy（2000）

某些產業早已擅於利用消費者的競爭力。以軟體產業爲例，企業已將產品測試由實驗室搬到消費者環境當中。例如有超過六十五萬的消費者試用過微軟Windows 2000的測試版，和微軟分享他們的使用心得。其中有不少人甚至願意付費試用。試用過測試版的消費者，知道如何利用Windows 2000幫助企業創造更多價值。測試版同時也幫助排除早期版本的小問題。根據估計，微軟消費者合力投注心力創造出來的Windows軟體，相當於價值超過五億美元的研發投資金額。

史汪尼（M. Sawhney）與普戴尼（E. Prandelli）[11]則是認爲，在網路經濟時代，沒有一家公司可以將自己與外界環境隔離。當不同市場逐漸整合、各種產業互相衝擊之際，企業在科技市場競逐所需要的知識也變得越來越多元。企業爲了聚焦，也將知識庫範圍縮小，以求更專精。在這種商業環境下，企業無法像過去一樣獨自生產、管理知識。企業需要和生意夥伴以及顧客合作，共同創造知識。當分散式創新提供企業利用其夥伴與顧客創意的大好機會，分散式創新的管理需要企業重新檢驗它們管理創新的機制。

爲何創新之源轉向顧客？史汪尼與普戴尼認爲，有三個主要原因使得顧客在知識生產的過程中扮演越來越重要的角色。

首先，知識社會化（knowledge socialization）的趨勢不但使得個人得以克服認知上的限制，同時也可以減少個人知識創造上的風險與不確定性。在企業的層面，新的工作區隔方式的趨勢創造了專精化（specialize）與社會化（socialize）個人能耐（individual competencies）的需求，不管是在實體或心理層面；在顧客層面，實體與虛擬空間的消費社群的出現，意味著個人知識社會化的趨勢。

其次，連線與傳播科技的進步，降低了時間與空間的距離，也減少了知識分享與移轉的障礙。虛擬組織的出現，顯然和這些科技工具的出現有關，讓工作的全球化成爲可能。組織疆界的模糊化使得廠商和它的供應商、合作夥伴、競爭者與顧客之間的關係越來越難以分辨。不同的成員具備了不同的知識，這也使得將這些成員排除在知識的創造過程之外會是危險的，因爲它可能會減少廠商接近不同知識的機會，同時也限制了組織的彈性和創新的可能性。

最後，則是產品越來越加強的資訊豐富性，增加了顧客與廠商連結與溝通的動機。顧客獲得越來越即時與可信賴的資訊，廠商則是取得顧客需求的更多知識。

行銷大師史汪尼與科特勒（Sawhney & Kotler）指出[12]，在工業時代（Industrial Age），是資訊不對稱的時代。廠商與顧客間的資訊交換是單面向、昂貴而無效率的。因此，顧客是資訊欠缺的，資訊是被廠商所控制的，資訊的交換是廠商發動的。

資訊時代（Information Age），則是資訊民主的時代。資訊變得無所不在，而且是廉價的，顧客因爲資訊擁有了更多權力，並得以和廠商站在等同的位置。

von Hippel認爲，過去生產者的創新佔了多數，主要是有兩個原因。首先，創新所能獲得的財務激勵，似乎是生產者高於使用者。畢竟，生產者有機會將他們所研發出來的產品賣給所有的使用者，但是相對來說，個別的使用者——創新者（user-innovators）一般來說所能獲得的財務回報，就是使用他們所創造出來的產品。個別具備創新能力的使用者若要能獲得將創新在市場上擴散到其他使用者的好處，就必須取得智財權的保護和進行授權的種種安排，而這樣的努力卻是耗費成本，但是回報卻是不確定的。

其次，生產者藉由他們的製造、配銷和後勤支援能力，明顯地在創新的擴散上頭佔有優勢。對實體產品而言，這樣的工作涉及顯著的規模經濟，對於個別的創新者而言，不似生產者有著成本效率上的優勢。

但是von Hippel指出，沒有生產者的產品研發在過去很難想像，但是使用者的創新社群（user innovation communities）卻讓這樣的想法越來越有其可能。開放原始碼軟體的領域，及其他種種產業已逐漸出現創新、發展和消費社群都是由顧客所主導的。

這樣的社群和已有數百年歷史，以生產者爲中心的研發模式相比，具有許多優勢。每個使用個體——不管是個人或企業——都能夠精確地打造出他們所需要的東西，卻不需要生產者作爲他們的代理人。一個創新社群中的個體也不需要自己研發每件他們所需要的東西，而是可以得利於社群成員免費的創新分享。

Young & Rohm認爲，Linux或開放原始碼軟體的最大優勢，在於使用者取得了控制權。所有權專屬的作業系統與其他系統之間，經常有相容性的問題。在諸多的原因當中，最常見的是系統供應商沒有誘因改善技術，卻使競爭對手得利；相對來說，Linux的使用者在工作者建立系統的參考標準，也能夠得到完整的原始程式碼，能夠自行解決相容性的問題。Young & Rohm指出：

在軟體產業關起門來建構軟體的公司，是憑藉著不准使用者觸及能夠修正或改良的資訊——原始程式碼——來持續控制軟體工具以及軟體的使用者。這造成軟體使用者與供應商之間的封建關係。開放原始碼給了使用者一個機會，得以掙脫只提供二進位版軟體的廠商加諸顧客身上的專制枷鎖。現在如果想與微軟這樣佔據絕對優勢的企業對手抗衡，提供某些獨特的好處給顧客是極其重要的。Linux的獨特好處是，把產品控制權交給使用者，而不是保留對使用者的控制權……⑬。

時代的轉型

然而我們必須要強調，這並不是說開放原始碼軟體優於傳統商業軟體的開發模式，而是時代的轉變，造就了開放原始碼軟體浮現的有利環境。這樣的轉變，主要是指後PC時代的來臨。

在過去，推出性能更強大、功能更繁複的改型、改款產品，一直是廠商在未能有革命性的新產品問世時，藉以刺激買氣、創造營收的不二法門。英代爾在一九八二年推出286微處理器以後，又分別在一九八五和一九八九年推出386、486微處理器，一九九三年推出Pentium晶片以後，則在一九九五、一九九七和一九九九年依序有Pentium Pro、Pentium II、Pentium III、晶片的出現。

微軟的發展策略很類似，一九八三年視窗問世，日後的十幾年間，以三到四年為一個間距，微軟都會推出新版的視窗。單一產品的不同版本，將微軟推升到二十世紀市值最高的企業位置。

數位經濟的來臨，同時也宣告了產品「版本學」的終結。微軟圖像化的使用介面、邏輯式的鏈結設計，過去被認爲是最容易學習與使用的作業系統操作方式；英代爾的微處理器每年以倍數成長的運算功能，在個人電腦時代被視爲是驅動更複雜的軟體被開發出來，更撼動人心的影音多媒體能夠揮灑的關鍵火車頭。英代爾打造運算速度更快的微處理器能力並沒有生鏽，微軟的作業系統在功能上仍是獨步全球，但是在網路的新世紀裡，微軟視窗刺激買氣、帶動配備升級的效益逐漸衰退，英代爾推出新世代微處理器的時程，也不再是衆人目光的唯一焦點。

網路的出現，讓商品對運算的需求變得可以更集中（用運算功能更強大的伺服器電腦執行以後，再透過網路傳輸或分享運算的結果，像網路上的遊戲對打就是一個例子，並不需要每個人都買一台遊戲機），也可以更分散（資訊家電的出現，意味著過去「傻瓜」的商品，像是冰箱、洗衣機，也都開始或多或少具備運算的功能）。數位經濟的浮現，並不是對運算的需求減少了，也不是低價電腦即將取代功能完備的電腦，而是一味運算功能提升的追逐，已無法滿足繁複多樣、層次有別的對運算功能的需求。

微軟在數位經濟中所面對的挑戰也是類似的。手機上網、電視下單、聲控輸入，或是各式各樣的資訊、文書處理工具如PDA、股票機的出現，事實上都不是微軟視窗的替代性科技，而是單一的視窗革新版，即使將版本升級的速度加快，也難以回應市場對多樣化介面的需要。

同樣的道理，我們不再能期待語音輸入法會取代鍵盤，手機上網會淘汰電腦連線。英代爾的頭號敵人並不是威盛，而是千百個知名或不知名的小威盛，微軟的主要競爭者也不是Sony或AOL，而是不再能夠定於一尊，歧異而多變的顧客需求。

微軟和英代爾所要面對的眞正挑戰，是產業與產品創新模式的變革。大型企業想要以單一產品囊括所有的市場變得越來越困難。其挑戰是要有全新的組織設計平台，來同時回應多元化的顧客需求；而Linux的優勢則是在於，在單一的系統架構下，顧客或是使用者可以依自己的需要更改程式碼，單一世代的產品，便能夠創造多樣版本回應不同的需求。

表 2-6 微軟與Linux在不同作業系統軟體市場的比較

	微軟	Linux
個人電腦作業系統（1999年）	94.39%	0.19%
伺服器作業系統（2000年）	41%	27%
嵌入式作業系統（2001年）	9%	12%

我們可以從以上的數據做比較分析發現，硬體平台越多元的市場，Linux便有越高的市場佔有率（表2-6），在傳統的個人電腦作業系統領域，則仍是微軟一枝獨秀的局面。

因此，從某個層面來說，微軟在新興作業系統領域（像是伺服器）的競爭者並不是Linux，而是如何調整組織的能力，且快速而有效地回應時代的轉變。

滿足顧客差異化需求的方式

福特汽車在二十世紀初的生產模式，代表了當時企業對顧客需求的典型看法。福特的T型車，以單一車款，到退役爲止一共生產了一千五百萬輛，一度佔全球汽車總銷量百分之六十八[14]。這樣的數字恐怕不但空前，也是絕後了。亨利福特充滿霸氣的名言——「車子只要是黑色的，顧客就喜歡」，正反映了當年那樣的時代氛圍。

市場區隔

繼之而起的市場區隔概念，是把目標市場分割爲幾個區塊，每個區塊當中各有一些需求相近的顧客群，廠商再想辦法生產不同產品來回應不同市場區隔的顧客需求。而這也是當年繼之而起的通用汽車打敗福特汽車的不二法門，儘管市場區隔的概念在現在看起來，已是如此的稀鬆平常了。

Franke & von Hippel⑮所做的小樣本調查顯示（表2-7），目前針對市場區隔所做的研究，平均有三．七個區塊，同時在做完群組分析之後，區塊之內仍有百分之五十四的變異。Franke & von Hippel認爲，這樣的數字意味著以市場上標準化的產品，尚未能完全有效地回應顧客的需求。

非平均值以外的顧客需求是如何被對待的呢？Franke & von Hippel指出，有些顧客需求是被完全忽略的。換句話說，市場區隔僅能將顧客分成幾大類，再針對這幾大類顧客的需求做回應。至於這些分類之外的顧客，或是同一族群

表 2-7 一些市場區隔研究的群組內變異（within-cluster variance）

研究者	群組分析的標的	群組分類的變數	群組的數目	群組內的變異
Assael & Poltrack（1999）	電視節目	電視節目的觀眾	2	39%
Dunne & Turley（1997）	銀髮族	銀髮族對理財方式的看法與分類	3	45%
Cheng & Black（1998）	公寓市場	市場的特性	5	14%
Jimenez-Martinez & Polo-Redond（2001）	廠商	採用EDI的看法與行為	3	80%
Leong, Huang & Stanners（1998）	不同的媒體	經理人對媒體的認知	2	65%
Portnov & Pearlmutter（1999）	城市的區位	城市發展的指標	7	50%
Schaub & Tokar（1999）	個人	對顧問諮詢的預期	5	56%
Thombs & Osborn（2001）	顧問	對上癮與治療方法的看法	3	93%
Woodman, Clark & Rimmington（1996）	醫院的廚房	醫院廚房的特性	3	40%
平均值			3.7	54%

資料來源：Franke & von Hippel（2002）

中不同顧客間需求的差異，就完全無法被照顧到了。

大量客製化

在特定的情況下，消費者可以找到特定的供應商為他們量身打造產品，或是自行生產設計自己所需的產品。就前者而言，當代資本主義體系最重要的回應方式，是大量客製化（mass customization）生產模式的出現；而後者，則是顧客自行創新的領域。

大量客製化指的是以大量生產的價格，為個別顧客提供個人化與客製化的產品與服務。傳統上，客製化與低成本經常被視為是不相容的。大量生產能夠提供低成本的產品，但是必須以犧牲產品的多樣性為前提；客製化則是設計師與藝匠的產品，為願意付出高單價的顧客所量身訂作。技術上最重要的兩個進展：讓顧客得以與廠商密切互動的網路科技，以及讓廠商得以有效回應顧客需求的彈性製造系統，同時滿足低成本與客製化的生產模式變得更有可能。以汽車產業為例，根據經濟學人雜誌的報導，在歐洲，已有百分之十九的汽車是為客製化的（custom made）。在德國，則有百分之六十的汽車已是接單生產（build-to-order）模式。

但是大量客製化的生產模式也有其限制。一來，多數的彈性製造系統事實上也只能提供爲數有限的模組供顧客選擇，而不是眞正的量身訂作；二來，許多的顧客需求是在不斷的嘗試（trial-and-error）中得來的，光憑網路科技無法讓廠商眞正能掌握顧客的需求。

顧客創新

從廠商的角度來看，大量客製化可能已經是將市場區隔的差異化推到極限了。但是這樣的推論依然是假設，差異化的創造只能夠是由廠商所控制的。

史汪尼與科特勒認爲，在顧客所能掌握的資訊已足以和企業相抗衡的時代，客製化的極致化會是由顧客所完成與掌控的，而非傳統的廠商（圖2-3）。相對來說，大量客製化只是過渡期的產物。這其間，最主要的原因在於，沒有任何製造者比顧客更了解自己的需求。

	工業時代的行銷	過渡時期的行銷	資訊時代的行銷
設計的方式	工程導向	行銷導向	顧客導向
差異化的方式	市場區隔	大量客製化	顧客自行設計
定價的方式	成本定價法	價值定價法	生命週期定價法
溝通的方式	以說服基礎	以資訊為基礎	以顧客的許可為基礎
配送的方式	實體通路	多重通路	全面性的通路
合作的方式	垂直的夥伴關係	水平的夥伴關係	商業網路
支援的方式	人的接觸	資訊的接觸	流程的接觸

資料來源：Sawhney & Kotler（1999）

圖 2-3 行銷活動的演進

史汪尼與科特勒的觀點可以算是相當激進，但是其分析方式仍有其不足之處。一來，顧客自行創新並非沒有限制，顧客必須有意願、有能力自行創新，但是顯然並非所有的顧客都具備這樣的條件或意願；二來，當使用者自成一個組織，開發產品和傳統的廠商成爲市場上的競爭者，除非其產品具備市場競爭力，否則向傳統的商業組織採購產品仍是較爲符合經濟效率的做法。

如果從歷史演進的角度來看顧客對產品創新的貢獻，我們可

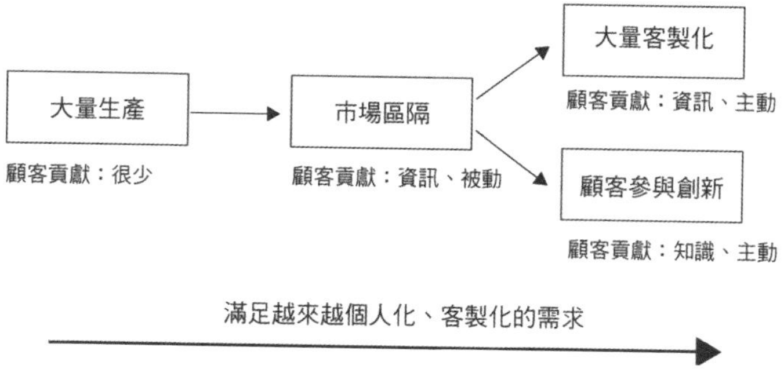

圖 2-4 回應顧客需求的歷史演進與顧客的知識貢獻

以發現事實上顧客對產品創新一直有或多或少、程度不同的貢獻（圖2-4）。在大量生產階段，顧客少有貢獻（並非沒有，廠商同樣可以透過市場調查，設計製造滿足最多數人需求的單一產品）；在市場區隔階段，透過問卷調查、焦點團體等市場研究方法，顧客被動地貢獻資訊；在大量客製化階段，透過雙向的資訊科技，顧客能夠主動地告知、溝通廠商其需求；在顧客創新階段，顧客能夠與廠商合作創新，或是在特殊的狀況下，透過使用者合作創新來滿足自己的需求。

開放原始碼最大的優勢在於，吸引了爲數眾多的顧客（具備程式開發能力的）

無償地貢獻了他們知識與智慧，而又最能滿足個人化的異質需求；對微軟來說，最大的挑戰則是如何以傳統企業的型態，同樣能夠動員顧客知識、滿足差異化的需求。

附註

① Levitt, T.（1960）. 'Marketing Myopia', Harvard Business Review, 38（3）。

② Schneider, R. & D. E. Bowen （1995）. Winning the service game. Harvard Business School Press, MA.

③ Kaulio, M. A. （1998）. 'Customer, Consumer and User Involvement in Product Development: A Framework and a Review of Selected Methods', Total Quality Management, February.

④ von Hippel, E.（1988）. Sources of Innovation, Oxford University Press, London.

⑤ von Hippel, E. （2002）. 'Horizontal Innovation Networks- By and For Users', Working Paper, http://opensource.mit.edu/online_papers.php.

⑥ Niedner, S., G. Hertel & S. Hermann （2000）. 'Motivation in Open Source Projects', http://www.psychologie.uni-kiel.de/linux-study/

⑦ Lakhani, K & B. Wolf （2002）. The Boston Consulting Group/OSDN Hacker Survey，http://www.osdn.com/bcg/

⑧ 引自Cusumano & Selby （1997），《微軟秘笈》，時報出版。

⑨ 同註⑧。

⑩ 著有《競爭大未來》（智庫文化出版），和他的學生蓋瑞．哈默（Gary Hamel）是最早提出「核心競爭優勢」概念的學者。

⑪ Sawhney, M. & E. Prandelli （2000）. 'Communities of Creation: Managing Distributed Innovation in Turbulent Markets', California Management Review, 42（4）, Summer。Sawhney爲西北大學行銷學教授。

⑫ Sawhney, M. & P. Kotler （1999）. 'Marketing in the Age of Information Democracy', Working Paper.

⑬ Young, R. & Rohm, W. G. （2000） Linux紅帽旋風（Under The Radar），鄭鴻坦譯，天下文化出版。

⑭ 亨利福特（二〇〇一），世紀的展望：亨利．福特生產的前瞻觀點，台北：台灣商務。

⑮ Franke, N. & E. von Hippel （2002）. 'Satisfying Heterogeneous User Needs via Innovation Toolkits: The Case of Apache Security Software', MIT Sloan School of Management Working Paper # 4341-02。

3 微軟的競爭優勢及回應

在上一章的討論中我們可以發現，開放原始碼軟體的出現確實是佔了天時之便——軟體應用環境的改變，對開放原始碼軟體是有利的。

微軟作爲軟體產業的領導廠商，得挑戰自己過去之所以成功的規則、改變自己早習以爲常的組織慣性，才能夠有效地回應新時代的變化。然而，這對所有的產業領導者來說，都不是一件容易的事。

新科技可能市場需求不高，或是不符合主要客戶的需求，因此對既有的產業領導者而言，經常是負擔多餘機會。因此，企業越成功，就越重視現有客戶，資源大多配置在滿足現有的顧客，取得更高市場佔有率和滿意度，因而可能忽略了未來可能顚覆或翻轉整個市場的「不連續式創新」（disruptive innovation）。哈佛大學商學院的教授克里斯汀生（Clayton Christensen）將這樣的狀況，稱之爲「創新的兩難」（The Innovator's Dilemma）[1]。

多數開放原始碼的信仰者所期待的，便是希望Linux具備如過去半導體取代電晶體、液晶螢幕取代CRT螢幕一般的革命性力量。

然而，革命的口號固然振奮人心，從歷史的經驗來看，多數的革命卻是以失敗結尾居多。Linux或是多數開放原始碼軟體的歷史都還很短，尚不足以斷言其成敗，但是我們可以從幾個層次來判斷其未來可能的發展：

(1) 開放原始碼軟體的品質與效能：作爲軟體產業的後進者，開放原始碼軟體如果不能在品質、效能（價值／價格比）上優於傳統的商業軟體，既有的軟體使用者就不會有任何的誘因改用開放原始碼軟體；

(2) 互補性資產（complementary assets）的發展：商業應用軟體成敗的關鍵，往往不僅只是軟體本身的良莠與否，也關乎許多週邊條件的配合，像是行銷、通路、專業服務、相關應用軟體的發展等；

(3) 市場領導者的作爲：微軟做爲軟體市場的領導者，同樣會調整其策略以適應外在環境的變化，甚至吸納、學習開放原始碼軟體的優點，進一步鞏固微軟在軟體產業的領導地位。

尤其是互補性資產的發展與微軟針對開放原始碼軟體所作的策略性調整，特別值得我們注意。開放原始碼軟體的信仰者經常是過於單純地認爲，只要開放原始碼軟體的功能與表現優於微軟的軟體，軟體的使用者便會紛紛「起義來歸」，投靠開放原始碼軟體的陣營。

在這一章裡，我們將會說明，互補性資產的健全與否和軟體的品質與效能同樣重要；和多數人所想像的不同之處，微軟也不是傲慢而無視於外界變化的軟體巨人，相反地，微軟正逐步把開放原始碼的優勢與長處，整合成它整體發展策略的一部分。

微軟與Linux的比較

對多數的軟體使用者而言，軟體是如何開發出來的——不論是開放原始碼模式或是商業模式——並沒有太大的意義。重要的是，軟體好不好用，符不符合使用者的需求。

問題在於，用什麼標準來評斷軟體好不好用呢？這時候，我們就必須回到使用者所在乎的「價值」來評斷軟體。一般而言，軟體的使用者所在乎的價值主要有：

(1) 價格：如何以最低的價格買到最合用的產品，永遠是顧客最關心的核心價值；

(2) 安全性：軟體的運用，往往是與企業的許多重要功能鑲嵌在一起的，因此軟體如果安全性堪虞，企業所面臨的風險不僅是在軟體層面；

(3) 可靠性：最好的軟體應該是如同隱形人一般爲企業服務，卻讓使用者幾乎感覺不到它的存在，而不是時時擔心可能會出狀況；

(4) 可親近性：軟體終究要靠人來使用與操作，讓軟體來適應、遷就使用者才是好軟體，而非使用者處處受制於軟體；

(5) 可延展性：軟體是當代技術進步最快的領域之一，可延展性高的軟體才能讓企業的軟體應用環境與時俱進。

以下，我們就從這五個面向來比較與探討微軟與Linux的市場競爭優勢。

價格

乍看之下，商業軟體似乎不可能與開放原始碼軟體比較價格，因爲開放原始碼軟體被認爲是免費的。

但這也是關於開放原始碼軟體一個很大的迷思。

某種程度上來說，在資本主義的體制之下，其實沒有東西可以說是眞正的免費。從開發的過程來看，開放原始碼軟體的開發者，一部分是用上班的時間來開發軟體，因此實際上是他的雇主負擔了軟體的開發成本②；還有一部分，是開發者犧牲自己的休閒時間來進行軟體開發，只不過他並不計較所花的時間成本而已。

從使用者的角度來看，開放原始碼軟體也不能算是眞正免費。正確的說法，應該說是開放原始碼軟體沒有取得成本，但是仍有使用軟體的成本。企業運用軟體的眞正成本，其實是這兩項成本的總和。

本身從事Linux軟體開發的翔威國際總經理劉龍龍便指出，Linux在伺服器端應用較簡單，但在需要大量組態工作的前端，像是PC、筆記型電腦，很少人對普及度不高的Linux擁有相當的知識，「在Winodws上你問個兩、三個人大概就能解決問題，在Linux你可能要問到二、三十個人。」而在服務費用一小時一千元，四小時起跳的計價模式下，要台灣企業爲過去不曾收費的服務打開荷包，更是不容易。「他們無法把當初幾十美元下載的軟體，和四千台幣的服務連在一起」。

把這兩項成本加起來，Linux或是其他開放原始碼軟體在價格面就未必具有優勢了。根據IDC的一項調查顯示，Linux伺服器在五個領域中的應用，以五年爲單位來看，有四項的應用成本均高於微軟視窗伺服器（表3-1, 3-2）；從軟體應用所需的人力成本來看，Linux也是需要花費較高的人力成本，研究的結果指出，Linux所需的支援人力幾乎是微軟Windows的三倍。

表 3-1 Windows在五年內為較佳的投資

每百位使用者在五年中的整體持有成本與人員成本

	Windows	Linux	Windows	Linux
工作負載	TCO成本 （$000）	TCO成本 （$000）	FTE人員 （#）	FTE人員 （#）
Web伺服器	32.3	30.6	1.0	9
檔案伺服器	99.0	114.4	2.9	4.3
列印伺服器	86.9	107.0	2.1	3.1
網路伺服器 （DHCP/DNS、RAS、目錄、快取）	11.8	13.3	0.4	5
安全伺服器 （Proxy、防火牆、VPN）	75.0	91.0	2.3	4.0

資料來源：IDC

表 3-2 Linux相較於Windows的人員需求

IT團隊	Linux人員需求（相較於Windows）
網路	二倍多的FTE
伺服器	接近四倍的FTE
桌面	略多的FTE
服務台	二倍多的FTE
應用程式開發人員	接近三倍的FTE
整體	微軟的1.2 FTE相對於Linux的3.0

資料來源：IDC

此研究針對Windows和Linux比較了五年內四個主要伺服器工作負載所需的整體持有成本（TCO）和全時間員工（Full-Time Employee, FTE）。

安全性

開放原始碼的支持者認爲，開放原始碼軟體的安全性必然優於商業軟體，其所持的主要理由是，開放原始碼軟體因爲接受成千上萬的軟體開發者檢驗，即使有再多的安全上漏洞，也必定會被以最快的速度找尋出來並加以修補；反過來說，商業軟體則是必須擔心看不見的程式內部，是否存在著不爲人知的漏洞。

這是開放原始碼軟體的支持者典型的「技

術決定論」觀點——某種開發模式或是技術，安全性必然優於其他的軟體開發模式。但是實際上，決定軟體使用安全性的關鍵因素要複雜許多，技術只是其中的一環。這些因素至少包括了：

(1) 技術：技術是最根本的因素，通常電腦軟體的安全性指的是預防未經授權的資訊揭露、更改與留置。

(2) 安裝：軟體必須以避免被攻擊或誤用的方式來安裝與使用。

(3) 政策：嚴格的政策必須存在。不管是企業或政府，必須管制讓軟體不會被誤用。

(4) 流程：軟體供應商必須具備接收顧客意見與安全議題的機制，軟體的使用者則是必須能夠快速地完成必要的改變。

(5) 人員：相關人員對安全問題的充分理解。

從以上的分析我們便可以了解，開放原始碼讓使用者得以查看，確實對軟體的安全性有所助益，但是這並不能等同於「開放原始碼軟體比較安全」。軟體的安全性，是關乎整個軟體產業的運作機制的問題，而不僅只是軟體的技術問題。而技術以外的關鍵因素，Linux幾乎都是無法解決的。

開放原始碼的支持者深信開放原始碼軟體比微軟的軟體安全的推論依據是，程式碼可以被比較多的程式開發者檢視，錯誤與漏洞被發現的機會便會等同提高。但是微軟共享原始碼計畫的負責人傑森·麥茲松（Jason Matusow）認爲，「多人過目」理論既未經證實，沒什麼合理的根據，因爲大多數「眼線」會看走眼。程式開發者總是偏好看新潮、有趣的程式碼，老舊的、艱澀的程式碼比較乏味，所以經常乏人問津，但是這畢竟不是他們的工作，沒有人可以強制他們去做這些或許無聊卻是必要的工作。因此，軟體的安全性問題，並不是一句「若許多人都看過原始碼，就可以偵錯」那麼簡單。麥茲松舉Kerberos爲例，這雖然是一個開放原始碼安全產品，檢視過的眼睛不知有多少，有一個很大的瑕疵，卻一直過了十年才被發現。另一個開放原始碼產品OpenSSL，則是直到最近才被發現其中暗藏木馬程式。

可親近性

Linux備受爭議的一點是專業性太強，使用介面不友善。雖然開放原始碼給了使用者較大的空間，讓Linux可以更符合個人化的需要，但是從另外一個層面來看，則又成爲一般使用者很大的進入障礙——不是所有的使用者都有意願[3]或是有能力自行開發或修正軟體。

這從Linux在desktop、伺服器與嵌入式軟體市場發展的落差，也可以看出一些端倪。專業人員較爲集中的伺服器市場，Linux的發展便略有可觀，嵌入式軟體市場次之，而以一般使用者居多的desktop軟體市場，Linux的發展便瞠乎其後了。

可延展性

開放原始碼軟體開發一個很重要的特性，是開發過程的非計畫性。換句話說，開放原始碼軟體的產品開發是沒有策略的，完全依照開發者「在地」（local）的需求而定。

這樣的特性既是優勢，也是缺點。沒有開發策略讓開放原始碼軟體變得很有彈性，可以隨時依不同的需要做調整，但是卻也讓開放原始碼軟體變成延展性不佳——缺乏對未來需求的預估。

具體來看，我們以Linux和 Windows 2000 Server做比較（表3-3），可以發現Linux在許多方面的功能表現均不如Windows 2000 Server。

表 3-3 Linux與Windows 2000 Server的比較表

客戶需求	Linux	Windows 2000 Server
應用程式	未承諾的回溯相容性。應用程式通常需要針對不同的發行版本重新編譯。通常都會提供原始的程式碼。 採用居主導地位的UNIX程式碼（CGI、Perl、PHP） 沒有可用的架構來開發分散程式或Web架構的應用程式。 未整體實作COM、CORBA、EJB或可處理異動的中間軟體。 無整合的TP監控器或佇列系統。	提供程式碼範例、開發者套件（軟體、硬體、裝置）以及選定的原始程式碼授權。 整合的元件模型（針對分散式或Web架構的應用程式）。 整合的訊息佇列（針對非同步通訊與應用程式整合）、異動處理與多媒體服務，包括ASP在內的廣泛語言支援。 資料庫交互操作性，包括分散式異動支援（DTC）。 目前已有一百多個通過認證的Windows 200架構的應用程式，包括目錄與安全性整合。 廣泛的內部與外部beta測試，確保在不同的服務與應用程式之間提供二元的相容性 整合的目錄啟用應用程式。

（續上頁）

客戶需求	Linux	Windows 2000 Server
可靠性	適合針對低階的單一處理器電腦提供簡單的靜態內容。 極少數的OEM保證Linux系統上的工作時間。 無紀錄檔案系統或檢查點 缺少大量測試來保證不同元件與應用程式之間的相容性。	超高的系統工作時間，許多OEM均提供Windows 2000的運行時間保證。 動態系統組態（隨插即用、熱交換）、系統檔案保護與驅動程式認證。 支援核心模式的寫入保護、高可用性的應用程式叢集、Web伺服器應用程式保護與網路載入平衡。 大量的驅動程式、應用程式整合與自動測試，保證不同元件與應用程式之間的相容性。 紀錄檔案系統，更為可靠與更快復原 支援檔案壓縮與加密。
安全性	安全性是「全有或全無」，不能委派系統管理員的權限。 對於解決程式錯誤沒有清楚界定的解決途徑。 沒有集中式的安全性，包括稽核在內。	在網路環境的多重伺服器上提供單一安全的使用授權。 由於系統服務執行於安全的環境下，因此替多重使用者的服務提供了較高層級的安全性。 支援最新的安全性標準（kerberos、PKI、智慧卡、加密檔案系統、IPSec與VPN）。
管理性	無管理上的基礎結構。 由於應用程式之間的安全性功能整合度很低，成本與技術危機都會增加。 服務是由獨立的開發人員所提供，並未加以整合。 沒有可用的TCO研究。	集中式的叢集管理、整合的目錄服務、委任管理與原則形式的管理。 可選擇GUI或命令列管理。 Active Directory（tm）服務整合、委任、遠端管理與指令碼。 IntelliMirror（r）技術，Sysprep、遠端安裝服務、組態精靈與升級工具。

（續上頁）

客戶需求	Linux	Windows 2000 Server
延展性	支援960M RAM（預設值），必須重新編譯核心，並套用修補程式，方能支援2G RAM與最大的2G檔案大小。 同步的I/O，推出I/O競爭模式，因而限制了SMP延展性最適合低階的硬體。 缺少核心層次的執行緒模型，因此無法提供最佳的應用程式處理效率。 不良的Web伺服器功能（Apache相較於IIS）。 未提供已知的TCP-C基準測試。	Windows 2000伺服器4G RAM（預設值），進階伺服器8G RAM（預設值），Data-Center伺服器64G RAM（預設值）與最大的檔案大小16T。 支援整合的TCP/IP載入平衡。 SMP可延展至32CPU。 驗證過的Web伺服器效能。 非同步的I/O，執行緒可在等待I/O時處理其他工作，因此改善了效能與延展性。 世界紀錄的TCP-C價格/效能，在二個與四個處理器組態中提供最佳結果。 在SpecWeb上提供最佳的二個與四個處理器結果。
進入市場時程	支援的硬體與最佳化驅動程式極為有限。 缺乏清楚易懂的硬體相容清單（Hardware Compatible List）。 需要高度訓練的系統管理員（通常需要開發人員層級的技術），他們通常需要重新編譯核心程式，方能新增功能。 終端使用者必須整合與測試不同開發人員所開發的套件。	支援最新的硬體技術（隨插即用、電源管理、紅外線檔案傳輸、USB、1394）。 提供清楚易懂的HCL，包括認證與OEM支援。 奠基於簡易好用基礎上的整合式平台，GUI架構的工具，包括了可簡化複雜工作的精靈。 可編寫指令碼來進行管理，以提供自動化的本地與遠端管理。 大量的測試與最新裝置支援，可專注於核心企業，而非開發基礎架構。

（續上頁）

客戶需求	Linux	Windows 2000 Server
責任性	沒有長程的規畫，功能的演進/加入乃奠基於鬆散聯結的不同程式群體的設計興趣與實作意願。 在GPL下，任何衍生的成果（即競爭優勢）必須回饋給社群。 應用程式無任何認證流程。	根據客戶關心議題，提供清晰的長程規畫 每日花費$10M在規畫的研發上，而ISV與OEM更投下鉅資來開發平台。 替Microsoft認證的專家、工程師、解決方案提供者與顧問提供了廣泛的服務網路。 專門的支援網路。

資料來源：IDC對於Windows和Linux所做的TCO研究

互補性資產

現今這個時代，大概沒有人會否認創新的價值。問題在於，企業從事創新活動，是否就能保證成功呢？從歷史的經驗來看，答案恐怕未必是如此。

加州大學柏克萊分校的教授提斯（Teece）的經典研究指出，對於許多創新企業來說，他們可能會發現，即使他們是首先商品化新產品的創新者，但市場上的獲利者有時反而是模仿者或是跟隨者（表3-4）。

這問題至關重大是因爲，如果創新者未必會從創新的過程中獲益，反而是跟隨者或是模仿者坐收漁翁之利，那企業又何必花費大筆的資源來從事創新研發的工作呢？提斯

表 3-4 創新者未必是贏家，跟隨者也未必是贏家

	創新者	跟隨者
贏家	Pikington	IBM
	G.D.Searle	Martsushita
	Dupont	Seiko
輸家	RC Cola	Kodak
	EMI	Northrup
	Bowmar	DEC
	Xerox	

資料來源：Teece(1986)

認爲，造成這種現象的主要原因有三個：

(1) 企業創新能否有效地被保護：如果創新能夠有效地被保護，有利於創新者維持創新的優勢，跟隨者或模仿者便很難後來居上；反之，如果創新難以保護，容易被模仿，創新者如果沒有妥善的因應策略，創新的優勢很容易便喪失。

(2) 主流設計典範出現：能否運用利用核心技術來取得產業主流的地位。

(3) 互補性資產：指的是在創新的過程中，所需要的支援性活動或能力。這樣的能力是要將技術商品化所須的行銷、製造、配銷通路、服務、商譽、品牌與互補技術等（圖3-1）。

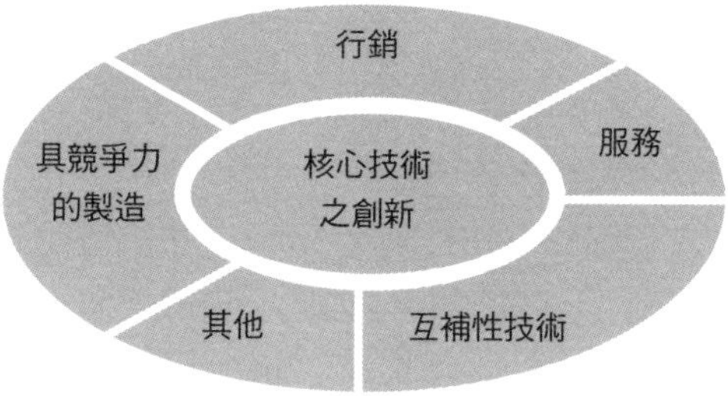

圖 3-1 核心技術與互補性資產間的關係

資料來源：Teece (1986)

這其中，又以互補性資產最爲重要，卻也最常被忽略。在技術保護不嚴謹的情況下，如果互補性資產被市場上的競爭者所持有，而且該資產是極爲重要的要素時，創新的利益便很容易被互補性資源擁有者所取得，最後甚至反而被互補性資產的擁有者所擊敗。提斯以醫療器材產業的EMI爲例，EMI雖然是最早開發出CAT Scanner的廠商，但是CAT掃描很容易被模仿，加上EMI在這個產業缺乏關鍵的互補性資產——配銷通路以及與大醫院的良好關係，反而讓擁有這些資產的GE後來居上，取代了EMI的領導地位。

前面我們已提及，從產品面來看，Linux的核心技術未必優於微軟；從互補性資產的角度來看，Linux則是幾乎全然付之闕如。

表 3-5 軟體產業各平台開發人力規模

	2001年	2002年	2003年
Server端（人）	16,170	17,702	17,287
Windows Server	6,539	7,025	7,054
Linux Server	2,784	3,328	3,446
UNIX	5,293	5,774	5,326
IBM AS/400	779	704	599
Other OS	775	871	862
Client端（人）	5,377	5,971	6,428
Windows Client	3,731	3,963	3,854
DOS	639	584	664
Linux Client	483	701	1,075
UNIX Workstation	273	392	467
Other OS	251	331	368

資料來源：資策會MIC，2003年1月

以對開放原始碼軟體最爲熱情擁抱的中國大陸市場爲例，如果要發展Linux到一定的市場規模，據估計，必須有一百一十萬名以上的Linux相關人才，但是目前中國大陸約僅有百分之四的程式人員是以Linux作爲主要的作業系統，遠遠不能供應市場的需要，相關培訓機制也遲遲無法建立（表3-5）。

「我們在招募會上，看到最多的都是手拿微軟認證的應聘者，」一位轉用Linux作業系統的企業總經理無奈地指出。儘管中國的中科紅旗也試圖要仿效微軟，建立一套人才認証培訓機制，但是能否獲得市場的認同，還有待時間的考驗。

對比來看，微軟在各個層面的互補性資產之豐富，則都不是Linux所能抗衡的（表3-6）：

- 應用軟體：視窗平台有數以萬計的桌上型應用軟體、以千計的伺服器應用軟體。
- 裝置（Devices）：XP CD上有超過一萬兩千個裝置驅動程式（Device Drivers），四萬一千個裝置經WHQL（Windows Hardware Quality Lab.; Windows硬體認證實驗室）認證。
- 軟體解決方案：數以千計通過認證的解決方案。
- 服務：全球有超過四十五萬人獲得MCSE認證。

開放原始碼軟體的挑戰

把Linux與微軟之間的關係，描述成「小蝦米對抗大鯨魚」這樣一幅圖

表 3-6 軟體產業不同平台產值分佈

年	2001		2002		2003	
產值（NTD Million）	48,808		54,625		61,068	
市場區隔	Enterprise Market	Consumer Market	Enterprise Market	Consumer Market	Enterprise Market	Consumer Market
Server端	61.86%	0.90%	60.66%	0.87%	64.74%	1.57%
Windows Server	23.40%	0.72%	21.82%	0.69%	23.27%	1.18%
Linux Server	5.35%	0.09%	5.10%	0.14%	6.81%	0.36%
Sun Solaris	8.23%	0.00%	7.32%	0.00%	8.48%	0.00%
Free BSD	0.00%	0.00%	0.09%	0.00%	0.00%	0.00%
Other UNIX	20.88%	0.02%	20.37%	0.02%	21.00%	0.01%
IBM	1.00%	0.00%	0.91%	0.00%	0.74%	0.00%
Other OS	3.00%	0.06%	5.04%	0.01%	4.45%	0.01%
Client端	24.52%	12.73%	28.43%	10.05%	24.96%	9.05%
Windows	18.05%	12.07%	21.45%	9.50%	18.26%	8.61%
DOS	0.35%	0.28%	0.29%	0.22%	0.12%	0.09%
Linux Client	1.29%	0.25%	1.39%	0.26%	2.02%	0.30%
UNIX Workstation	4.21%	0.03%	4.69%	0.04%	3.56%	0.02%
Other OS	0.62%	0.10%	0.61%	0.04%	0.68%	0.03%

資料來源：資策會MIC，2003年1月

像，固然滿足了媒體將軟體產業戲劇化與簡單化的需求，卻是以犧牲產業動態的複雜性爲代價——微軟被看成對市場的變化無動於衷，坐視市場被鯨吞蠶食。

然而，這樣的一幅圖像，顯然與現實相去甚遠。微軟做爲軟體市場的領導者，並未將策略「轉向」開放原始碼開發模式，卻是積極地吸納、學習開放原始碼開發模式的優點，融商業軟體與開發原始碼軟體的優勢於一爐，進一步鞏固微軟在軟體市場的領導地位。

一反一開始對Linux嗤之以鼻、不屑一顧的態度，微軟最新的策略，是與Linux和平共處，採用了開放原始碼社群的共享哲學。

在二〇〇二年，微軟甚至參加了Linux博覽會（LinuxWorld Conference & Expo）。針對外界質疑，微軟爲何會參加這樣的展覽，微軟的伺服器策略發展資深總監彼得．赫斯頓（Peter Houston）指出，許多參加會議的人員，都是微軟潛在的客戶和合作者，微軟希望能夠改變與會者把Linux作爲大會唯一主題的現狀。但是赫斯頓也強調，微軟很清楚地認識到，這並不是微軟能夠「高高在上」的地方，因此會盡可能地低調行事。在會場上，微軟的員工則是穿著印有「Let's Talk」的T恤在展場中穿梭。

儘管微軟並未言明，然而，這卻可以視為是微軟對開放原始碼的立場開始轉變的一個開端。

雖然微軟一再強調，商業軟體的開發模式仍將是未來軟體產業的主導性力量，卻也在同時推出了共享原始碼計畫（Shared Source Initiative）。

「共享原始碼計畫」或許不能稱之為一個計畫，而是許多計畫的組合（見表3-2）。從這些計畫的說明中我們可以發現，儘管微軟將這些計畫取名為「共享原始碼」（Shared Source），藉以和開放原始碼（Open Source）做出區別，但是從實質的內容來看，這些共享原始碼計畫事實上就是開放原始碼。

我們在本書第一章當中已指出，Linux所採用的GPL授權模式只是數十種開放原始碼軟體授權模式當中的一種，微軟的共享原始碼計畫則是擴展了開放原始碼授權協議的可能性。當然，微軟的共享原始碼計畫與GPL授權協議還是有明顯的不同。兩者的主要差別在於：

表 3-2 微軟的共享原始碼計畫

計畫名稱	計畫說明
Enterprise Source Licensing Program（ESLP）	ESLP是免費地授權微軟視窗的原始碼給企業用戶。符合條件組織可以獲知Windows 2000、Windows XP和Windows Server 2003的原始碼。
Systems Integrator Source Licensing Program（SISLP）	SISLP加強系統整合者支援顧客使用視窗平台的能力。
OEM Source Licensing Program（OEMSLP）	OEMSLP讓合格的OEM（Original Equipment Manufacturer）顧客得以獲得微軟視窗的原始碼，作為研發的參考以及以視窗為基礎的OEM硬體終端產品的顧客服務之用。
Microsoft Research Source Licensing Program（MRSLP）	MRSLP授權教師、學生與研究人員得以在教育與研究用途的前提之下，使用、複製與修正原始碼。
Windows CE Shared Source Licensing Program（WCESSLP）	WCESSLP讓開發人員、研究人員、學生及其他有興趣的人非商業用途地使用Windows CE的原始碼，包括創造與流通衍生軟體。此外，在商業用途方面，Windows CE的原始碼讓顧客得以開發、除錯及支援他們在Windows CE平台上的商業軟硬體。
Windows CE Shared Source Academic Curriculum License（Windows CE SSACL）	Windows CE SSACL讓教授、研究者與研究生能夠出版教材，包括教科書，及其他有Windows CE .NET原始碼的教學材料。

（續上表）

計畫名稱	計畫說明
Windows CE Shared Source Premium Derivatives Licensing Program（CEPD）	CEPD提供原始碼給合格的OEMs、silicon vendors和系統整合者。CEPD是特別設計來作為視窗嵌入型產品的研發社群的原始碼授權之用。原始碼是用來加強Windows CE軟硬體與設備的開發與支援。
Windows CE Shared Source Premium Derivatives Redistribution Licensing Program（CEPRD）	CEPRD提供Windows CE的原始碼給合格的OEMs。CEPRD是特別設計來作為視窗嵌入型產品的研發社群的原始碼授權之用。原始碼是用來加強Windows CE軟硬體與設備的開發與支援。
C#/Jscript/CLI Implementations Shared Source Licensing Program	SSCLI適合希望探索與教學當代程式語言概念的學術與研究人員，以及試圖了解技術是如何運作的的.NET開發人員。
.NET Passport Manager Source Licensing Program	.NET Passport Manager Source Licensing Program讓程式開發人員能夠為商業或非商業用途而接近使用Passport Manager的原始碼。被授權者可以免費使用原始碼，並且開發、除錯與支援他們自己的商業軟體，以便能夠與.NET Passport整合。
ASP.NET Samples Source Licensing Program	ASP.NET Samples Source Licensing Program讓程式開發人員接近使用ASP.NET Starter Kits的原始碼。這個計畫允許任何人都可以免費地使用、修正與流通授權的程式碼。被授權者可以免費使用原始碼，並且開發、除錯與支援他們自己的商業軟體，以便能夠與ASP.NET整合。

(1) 微軟共享原始碼是有限定對象的，主要是微軟的合作夥伴、大客戶、研究機構與學校、政府機關等等；GPL則是對所有人公開原始碼。

(2) 微軟共享原始碼是有層級之分的（視對象而定），有些較爲嚴格——可以查看原始碼，但是不能加以更改，有些則是較爲寬鬆——可以查看，也可以更改原始碼；GPL則是沒有層級之分，對所有人一視同仁。

目前來看，全球有三十二個國家約兩千三百個機構符合取得微軟的原始碼資格。要符合資格，企業用戶的Windows授權人數必須超過一千五百人。其他符合資格者還包括全球前一百五十大系統整合公司，以及所有的政府、許多所大學和大型原廠委託製造商（OEM）。

共享原始碼計畫並未涵蓋Windows作業系統所有的原始碼，而是僅有百分之九十五左右。未公開的部分有百分之三是因爲原始碼本身並非微軟所有，因此無法公開，另外有部分的原始碼，像是產品啓動程式碼，微軟仍將其視爲高度機密，也沒有對外公開。有些加密技術則是受限於美國政府的規定，除了歐盟及其他八個國家以外，不得輸出到其他國家。

此外，不同的軟體開放程度也有所不同。像Windows CE的原始碼已有百分之四十五對任何國家的任何機構或個人開放。

因爲有著這樣的差別，有些開放原始碼軟體的死忠支持者便認爲，微軟的共享原始碼計畫不能算是開放原始碼，不符合開放原始碼的自由、共享原則。

這樣的看法有其意識型態上的考量，但是從經濟效率的觀點來看，則是相當膚淺。我們在第二章當中即已說明，開放原始碼授權協議不是越開放越好（當然也不是限制越多越好），而是要看參與者的策略而定，看想動員開放軟體的對象是誰而定。

越寬鬆的開放原始碼授權協議，越能夠吸引廣大的程式開發者共同參與軟體開發，但是以獲利爲天職的商業軟體公司便很難參與其中；限制越嚴格的授權協議，商業公司參與開發的動機便越強烈，但是一般程式開發者不願爲商業公司做嫁的心態便越強烈。

對微軟而言，採行較爲嚴格的軟體授權協議是很合理的策略選擇。微軟共享原始碼計畫的原始目的，原本就不是爲了要吸引一般的程式開發者共同參與軟體開發，而是讓他的合作夥伴有共同參與軟體開發的機會、讓顧客有更好的軟體使用環境，以及讓研究者與學生可以學習、觀摩軟體的開發實務。

微軟之所以開始將開放原始碼納入其總體策略的一部分，是因爲微軟已體認到，與合作夥伴或顧客共享軟體的原始碼，是未來軟體合作創新不可或缺的一環，同時也可讓微軟和他的合作夥伴與顧客間的關係，變得更緊密不可分。

更重要的是，微軟如果持續依循這樣的策略發展，無疑是對前途未卜的Linux施以一記重拳。當微軟挾其在軟體產業的既有優勢（包括核心技術面和互補性資產面），再加上去蕪存菁地採納開放原始碼開發模式的優點，散兵游勇的開放原始碼軟體恐怕就越來越難和微軟競爭了。

附註

① 克里斯汀生（二〇〇〇），《創新的兩難》，台北，商周出版社。

② 換句話說，其實是開放原始碼軟體開發者的雇主被後來的開放原始碼軟體使用者佔了便宜，只是他自己渾然不知而已。

③ 有能力進行軟體開發，和有意願進行軟體開發是兩回事。有時軟體開發者的確具備自行開發軟體的能力，但是對他而言，如果購買軟體的效益大於自行開發，他同樣不會有意願自行開發軟體。

4 台灣的遠景

在台灣，我們雖然是資訊硬體的大國，卻是軟體產業的蕞爾小國。以二○○○年爲例，台灣資訊硬體的產值爲四百七十億美元，半導體的產值則爲兩百二十三億美元，分別爲世界第三大與第四大生產基地[1]。相對來說，儘管台灣人也創辦了像是趨勢科技（Trend Micro）、訊連科技與友立資訊等在國際上佔有一席之地的軟體公司，然而，以全球軟體產業的佔有率來看，台灣在一九九五年的市場佔有率爲百分之○．四五、一九九七年爲百分之○．四八、一九九九年則爲百分之○．六三，到了西元二○○○年時，仍低於百分之一[2]，這與台灣的硬體產業有很大的落差。

儘管台灣過去在資訊硬體產業創造了這樣傲人的成就，但是這種「重硬不重軟」的發展策略，到了二十一世紀初，顯然也到了必須改弦易轍的階段。根據資策會MIC的調查，在二○○一年，台灣資訊產業的產值較二○○○年衰退了百分之六，是近二十年來首度的負成長。

硬體的製造，外有生產成本更低的後進國家在急急追趕，內有同業間的殺價流血競爭，許多台灣業者擁有高市場佔有率的產業，像是個人電腦、監視器與掃描器等領域，已是幾近無利可圖。

為了回應這樣的產業轉型的挑戰，台灣政府在「二〇〇八國家發展重點計畫」當中，積極推動的「兩兆雙星」產業之一——數位內容產業，軟體的開發便佔了一個很重要的地位。經濟部資訊工業發展推動小組的研究預估，台灣在二〇〇五年的軟體產業產值可達一百二十億美元。

然而，軟體產業「高製作成本、低複製成本」、「具有明顯的產業標準」等特性所導致的報酬遞增現象，造成軟體產業強者越強、弱者越弱，進入障礙很高，後進廠商或國家要發展軟體產業並不是一件容易的事。以作業系統軟體為例，微軟在一九九〇年代的市場地位無人可以撼動，市場佔有率常年維持在百分之九十五以上，幾乎沒有廠商可以涉足這個領域。

正因為軟體產業具備這樣的特性，開放原始碼軟體的出現，往往被寄予很高的期望，被認為是後進國家進軍軟體產業的絕佳跳板，翻轉整個產業的絕佳武器。像大力發展軟體產業的印度，其總統卡朗（Kalam）便表示：「開放原始碼的軟體，提供印度這種開發中國家現代化的最佳機會。」

國家支持開放原始碼軟體的方式，包括了由政府單位來制定開放原始碼軟體的標準、優先採購開放原始碼軟體，以及補貼開放原始碼軟體的開發。在二○○一年九月，歐洲議會（The European Parliament）便通過一個決議案，希望歐盟及其會員國大力推展原始碼公開的軟體；德國聯邦議會（The German Bundestag）正在考慮立法要求政府單位採用開放原始碼軟體；法國前總理亞斯平（Jospin）則是成立了一個機構推動開放原始碼軟體的運用與開放標準；美國政府則是對採用開放原始碼授權的軟體給予研發上的補助。

在台灣，國科會則是在資訊學門中推動相關研究，針對Linux等核心技術與應用，推動二十二件相關研究計畫，經費約一千兩百萬元。此外，國科會也規畫了、「教育軟體開放程式碼設計」計畫，開發教育用相關軟體套件，系統及平台。

國家高速電腦中心的「國家型開放原始碼計畫」，計畫要完成「全中文化開放原始碼軟體作業環境」，建立台灣的軟體基礎建設，透過多元原始碼的共享，讓軟體更符合台灣使用者的需求。該計畫宣稱，每年可爲政府節省二十億元台幣以上的軟體授權費，民間受益的金額則將超過百億。

行政院國家資訊通信發展推動小組（NICI）則是組成「Linux推動小組」，試圖要解決自由軟體發展的瓶頸，並進一步推動兩岸Linux中文標準化、召開相關國際研討會，藉發展Linux軟體，引導台灣軟體業的發展。

針對開放原始碼最為缺乏的人才問題，教育部宣佈將成立六個教育中心，培訓開放原始碼的開發者。估計三年後，將可訓練十二萬名基本的軟體開發者用戶和九千六百名的高階開發者。

但是，這種對新事物的熱情擁抱之情，是否禁得起現實的分析呢？我們可以從台灣資訊科技產業的在全球既有位置，來看看參與開放原始碼軟體的開發對台灣的利弊得失。

Wintel架構的受益者

台灣和其他試圖藉由開放原始碼軟體在軟體產業翻身國家的最大不同之處在於，台灣本身從過去十幾年來到現在，就一直是Wintel架構下的最大受益者之一（圖4-1）。因此，縱使開放原始碼果真具備翻轉整個軟體產業的「神奇功效」，是否就真的對台灣有利，值得做進一步的仔細檢驗。

資策會資訊市場情報中心（MIC）在二〇〇三年所做的微軟對我國資訊電子產業之重要性與未來發展研究顯示，在二〇〇二年，台灣資訊電子產業的產值與微軟系統平台相關的部分達百分之七十八．二，此一數字在未來五年內也仍將持續在百分之七十以上。這個研究同時也發現，近三年來使用微軟系統平台的軟體，佔台灣軟體產業產

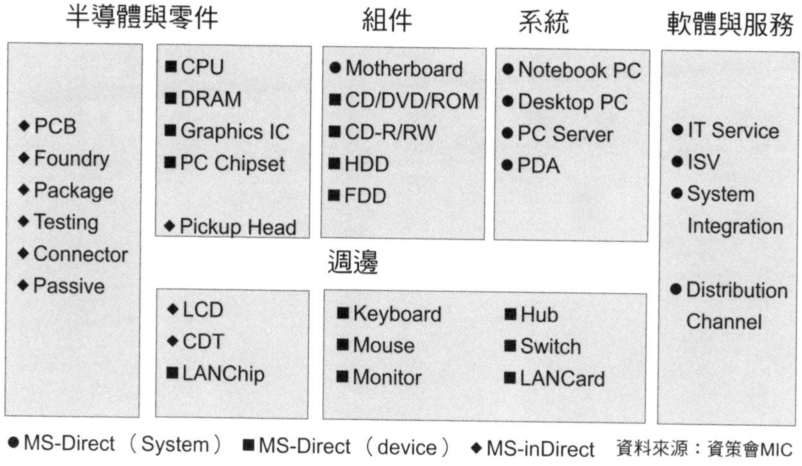

圖 4-1 資訊電子產業與微軟關聯圖

值達百分之五十以上（表4-1, 4-2, 4--3）。

我們在本書第一章當中已經指出，支持開放原始碼軟體的大型企業像是IBM、Sun等等，都是過去在軟體產業的產業標準競賽中落敗的公司。因此，在退無可退的情況之下，即使採用開放原始碼策略也未必能保證成功，卻是很合理的策略選擇。

但是對台灣的軟體公司而言，所面臨的策略選擇卻是截然不同。以目前台灣的軟體公司在全球軟體產業分工中的位置來說，要成爲軟體產業的標準制定者，可以說是還有非常遙遠的距離。台灣比較成功的軟體公司，都是佔據特殊的利基市場，開發小而美的軟體工具。

換句話說，現階段台灣軟體公司只能扮演產業標準的追隨者，而不太可能是產業標準的開創者或是制定者。台灣軟體公司成敗的重要關鍵在於能否良禽擇木而棲，選擇加入未來具有成長空間的軟體產業標準。從策略選擇的角度來看，台灣的廠商必須考慮的問題有兩個層次：

(1) 未來是微軟或是開放原始碼軟體能夠成爲軟體產業的標準？產業標準的

表 4-1 台灣產業產值與微軟亞洲營收的關聯度

・產值包括資訊產業、IC產業及重要零組件產業

	1997	1998	1999	2000	2001	2002
Taiwan HW/NW/IA/SC/CP/SW Industry Value（US$M）	47,155	53,188	65,011	83,878	73,377	85,907
MS-Direct	35,185	38,163	46,578	56,023	49,760	53,800
System	18,748	21,778	27,452	29,955	27,984	29,351
Device	16,438	16,385	19,126	26,069	21,776	24,449
MS-InDirect	4,281	4,865	5,864	8,746	8,263	13,102
MS-Irrelevant	7,607	10,044	12,601	19,296	15,381	19,092
MS Asia Region Revenue（US$M）	1,290	1,480	1,780	2,600	3,060	2,830
MS-Dir Total TW per MS Asia	27.3	25.8	26.2	21.5	16.3	19.0
MS-Direct（system） TW per MS Asia	14.5	14.7	15.4	11.5	9.1	10.4
MS-Direct（device） TW per MS Asia	12.7	11.1	10.7	10.0	7.1	8.6
MS-InDirect TW per MS Asia	3.3	3.3	3.3	3.4	2.7	4.6
MS-Irrelevant TW Per MS Asia	5.9	6.8	7.1	7.4	5.0	6.7

表 4-2 我國資訊電子相關產業產值與微軟關聯度 Unit : USD$ Million

	產值	微軟相關	非微軟相關
1997	47,155	39,466	7,607
1998	53,188	43,028	10,044
1999	65,011	52,443	12,601
2000	83,878	64,770	19,296
2001	73,377	58,023	15,381
2002	85,907	66,902	19,092
2003	95,497	74,298	21,313
2004	99,971	75,814	24,930
2005	107,905	80,177	28,608
2006	115,368	84,322	31,971
2007	123,258	89,307	33,950

・產值包括資訊產業、IC產業及重要零組件產業

資料來源：資策會MIC

制定者與追隨者間的關係可以說是唇亡齒寒，在一個產業標準節節敗退的陣營中經營企業，注定會是事倍功半，獨木難撐大局。對一直在Wintel架構下成長茁壯的台灣資訊科技產業而言，如果開放原始碼軟體眞能夠取代微軟在市場上的位置，等於是得重新在另外一個產業標準中卡位，是否能在新市場中獲得生存的空間猶未可知，卻已確定是失去了既有的龐大市場商機，恐怕是值得台灣的廠商思考的問題。

表 4-3 我國資訊電子相關產業產值與微軟關聯度

（依百分比分析）

	產值	微軟相關	非微軟相關
1997	100%	83.7%	16.1%
1998	100%	80.9%	18.9%
1999	100%	80.7%	19.4%
2000	100%	77.2%	23.0%
2001	100%	79.1%	21.0%
2002	100%	77.9%	22.2%
2003	100%	77.8%	22.3%
2004	100%	75.8%	24.9%
2005	100%	74.3%	26.5%
2006	100%	73.1%	27.7%
2007	100%	72.5%	27.5%

・產值包括資訊產業、IC產業及重要零組件產業

資料來源：資策會MIC

(2)台灣的廠商能否在成功的軟體產業標準當中，找到自己獨特的位置？選擇加入強勢的產業標準聯盟，對任何廠商而言都是一個簡單而正確的決定。但是能否在這個產業標準當中找到一個適當的切入點，這又是另外一個問題了。以台灣正蓬勃起飛的遊戲軟體產業爲例，目前產業的領導者仍是新力的PS2系統。台灣的七家遊戲業者爲了得到新力的授權軟體開發，籌組了PS2聯盟，共同爭取遊戲機的開發權利。結果

如何呢？聯盟的發起人王俊博表示，新力對有意要成爲其遊戲機軟體開發夥伴的台灣業者態度相當冷漠，台灣的業者及遊戲開發商始終沒有得到善意、正面的回應；相對來說，微軟對台灣業者則是較具善意，不但主動提議安排其技術研發聯盟 XBOX Open定期來訪，在權利金及授權對象的選擇，都比新力合理與友善。王俊博無奈地指出，如果新力電腦娛樂仍舊不願意對台灣軟體遊戲業者釋出善意，PS2 研發聯盟也沒有存在的必要，可能會走上解散之途，或是轉而積極擁抱XBOX。事實上，微軟已經將XBOX的遊戲設計授權給樂陞科技遊戲、次方科技、正先實業和王氏影業等台灣廠商。

微軟與台灣的關係

爲了化解政府單位可能向開放原始碼軟體傾斜的危機，微軟在全球也大動作地推出了政府安全計畫（Government Security Program, GSP）。

在微軟的政府安全計畫中，政府除了可以聘請專家檢視Windows程式碼與原始指令外，也可修改Windows原始碼來強化軟體安全性，例如，加入自己研發的加密技術等。

負責微軟GSP計畫的撒拉・但登（Salah Dandan）指出，希望提供原始碼與技術資訊給政府部門，是爲了讓政府部門對Windows的安全性更具信心。但登解釋，開放給政府的原始碼包括Windows 2000、XP、Server 2003與CE，各國的政府可以利用這些程式碼建立不同版本的Windows、瀏覽微軟內部的安全文件、拜訪微軟總部，與微軟工程師作諮詢，同時可自行執行程式碼的測試。

微軟的政府安全計畫，主要是奠基在透明化（Transparency）與合作夥伴關係（Partnership）兩項基礎之上。

透明化

透過政府安全計畫，微軟提供參與政府部門零成本，線上以智慧卡（Smart Card）可以存取Windows 2000、Windows XP、Windows Server™ 2003與Windows CE的最新版本、測試版本及 Service Packs 的原始碼。此外，合格的政府安全計畫參與者也可以另外取得加密的原始碼（cryptographic code）及開發工具。

GSP的原始碼存取係經由「MSDN® Code Center Premium for the Government Security Program」提供之。此爲一線上資源，授權政府員工於許可的地點進行原始碼存取。該服務提供即時（Just-in-time）以及建置有智慧卡存取方式之具有SSL（Secure Sockets Layer）安全之網站進行瀏覽、搜尋與下載原始碼的能力。透過意見反映（Feedback）管道，也能與微軟的專業人員進行溝通與合作。

除原始碼存取外，政府安全計畫透過技術資訊的廣泛揭露，可以提供平台整合的更佳洞察力，以及加強政府部門設計及建置可信賴的安全電算基礎結構的能力。

合作夥伴關係

GSP基於雙方互信，經由持續的互動、合作與資訊交換，增強政府部門與微軟的合作關係。GSP計畫的具體內容之一包括，參與的政府部門代表得造訪微軟研發中心，參觀Windows原始碼各方面的開發、測試與建置程序，就現行或未來的計畫與微軟安全專家交換意見，並與微軟行政人員進行一般交流等等。

目前約有六十幾個政府與國際機構可以加入最新的GSP計畫中，第一批加入的是俄國與北約組織（NATO），台灣也是最早加入的國家之一。

Giga資訊集團的分析師羅伯．安得勒（Rob Enderle）認爲：「微軟顯然希望阻止政府流向競爭對手的作業系統上，若政府能放心使用微軟軟體，微軟便能阻擋其他競爭平台，形同以自家標準來鎖定市場。」

多項投資計畫

針對台灣，微軟也宣佈了一連串在台灣的投資計畫：

(1) 在台灣成立三所微軟.NET研究中心：微軟將與國內大學與研究機構合作，成立三所微軟.NET研究中心（Microsoft .NET Research Center）。第一所微軟——NET研究中心設在台灣大學，提供有關行動通訊（Mobile）、無線通訊、Web Services、中文語音技術等領域的研究與教學環境。

(2) 與台灣的大學展開學術交流：微軟亞洲研究院將擴大與國內研究型大學的實質學術交流計畫，支援台灣資訊科技人才的培養。微軟和交通大學已簽署學術交流備忘錄，內容包括交大教授至微軟亞洲研究院的學術訪問或短期研究、提供交大研究生「微軟學者」（Microsoft Fellowship）獎學金或是到微軟亞洲研究院進行短期實習的機會，與研究院國際知名學者和專家一起工作。在學術的具體合作上，交大則與微軟亞洲研究院在新一代多媒體壓縮技術MEPG-21標準方面進行研究成果交流，並在MPEG國際標準會中互相支援。

(3) 成立亞太區第一所微軟技術中心（Microsoft Technology Center）：微軟技術中心的主要目的，是提供台灣的廠商有關微軟開發架構與技術的技術訓練，協助這些廠商研發世界級的產品、解決方案與服務給台灣及東南亞等地的客戶。微軟技術中心預估將在台灣投資五億五千萬，投入的專職人力將達一百四十人／年，計畫協助台灣七十家軟體公司開發一百種軟體解決方案，培育兩千八百名頂尖軟體技術人才，爲國內軟體產業創造四十億的產值。

目前微軟在全球有美國、英國、德國及日本等四所技術中心，在台灣成立的微軟技術中心是東南亞地區第一所。台灣微軟指出，微軟技術中心的任務包括「技術育成及移轉」、「走向市場，走出台灣」、「軟體開發實作」等三個方向。

「技術育成及移轉」目的在培育台灣資訊軟體及服務廠商，提升產品技術並協助建立新世代的軟體開發能力，同時將.NET相關技術移轉給台灣軟體產業；「走向市場，走出台灣」是要協助資訊軟體及服務廠商利用微軟全球化的行銷力量及資源，開拓全球市場；「軟體開發實作」的任務，則是將提供完善的軟硬體設備，及微軟顧問專家與合作夥伴的技術人員，以軟體建構研討會、概念驗證實作等方式，協助微軟的合作夥伴發展新一代的軟體產品雛形系統。台灣軟體廠商將可以大幅降低研發方面的風險，並縮短研發計畫的時程。

由於微軟深耕台灣市場的動作十分明確，就連台北市Linux促進會副會長、翔威國際公司總經理劉龍龍都對台灣政府能否支持Linux的發展不表樂觀。他認爲，台灣電腦相關產業與微軟的關係過於密切，台灣政府近二十年來又與微軟合作，不太可能跳出來大力支持開放原始碼軟體。

美國國家經濟研究協會（National Economic Research Associates）的研究人員Evans & Reddy指出，從經濟分析的角度來看，通常政府會介入一個產業通常必須是出於兩個原因：

(1) 明顯的市場失靈：市場運作過程的缺失阻礙了競爭，讓消費者無法從有限的資源中獲得最大的好處。

(2) 政府的介入確實可以解決市場失靈的問題。

Evans & Reddy針對開放原始碼軟體的研究則顯示，軟體市場並未有顯著、必須加以矯正的市場失靈；也沒有理由相信，政府政策能夠在實質上增加社會福利。

附註

① 經濟部資訊工業發展推動小組（http://www.itnet.org.tw/ocid/page6/6-1.htm）。

② 林我聰，「軟體業產業經營與展望」研討會（二〇〇一年七月六日）。

③ Evans, D. S. & B. Reddy（2002）. Government Preferences for Promoting Open-Source Software: A Solution in Search of a Problem, National Economic Research Associates.

結論

一九九〇年代後期，在網際網路還在當紅的時間點，經常可以看到報章雜誌全力吹捧某些新的營運模式（business model），像BBS、拍賣網站或是社群網站等等，由於巧妙地運用顧客或消費者自己的力量來生產內容（content）、建構社群或是提出需求，因而本小利多地只用很少的資源就獲得了前所未有的快速成長。

像是顧客對顧客（C to C）交易模式，網路的使用者同時扮演買方和賣方的角色，廠商只扮演交易平台的提供者；網路社群的經營模式，網友自行生產討論區的內容、自行搭建個人網站；網路電子報讓每個人都可以自己辦報、自己當總編輯；Linux作業系統讓每個人都可以依自己的需要，開放性地修正改進程式。這些營運模式被視爲是網路營運模式的完美典範，是顧客力的充分展現，網路經營者花費最小的力氣，卻又最能符合顧客的需求。事實也證明，這些經營型態在過去不但創造了驚人的成長，在股市的表現也是一飛沖天，一度成爲資本市場最耀眼的明星。

聽起來當然是相當不錯，但是當時卻少有人懷疑，天下眞的有這麼好的事嗎？運用顧客的力量，果眞是不用成本的嗎？

隨著美國股市在接下來幾年的巨幅重挫，連帶使得許多人開始認爲所謂的「新經濟」不過是曇花一現，虛而不實，甚至是騙局一場。一方面，新經濟的崩塌，被歸罪於新的營運模式遲遲未能獲利；但在另一方面，我們卻也看到新型態經營模式的出現，確實讓傳統的企業經營模式面臨了重大的挑戰。以音樂工業爲例，Napster的成敗還在未定之天，全球五大唱片公司的業績卻已呈現了巨幅的衰退；組織鬆散的Linux軟體作業系統開發與使用社群，卻被視爲是對微軟帝國的最大挑戰。

顧客力崛起了，但是善用顧客力的企業卻未能獲利，我們才明白了顧客力絕非免費，或是可以無償取得的。換句話說，新的經營型態運用顧客的力量，取得了快速擴張、取得市場的機會，代價則是顧客獲得了經濟上的好處，而非傳統的營利組織。

這樣的新顧客力崛起，並不是斷裂式的革命力量，而是有歷史軌跡可考、可追、可回溯的產業競爭動態——知識經濟力量擴張的新階段。

在二十一世紀初，知識經濟幾乎已成爲所有已開發國家一致的經濟發展策略。在學院裡，知識管理與創新管理自從上個世紀末，也已是最爲熱門的顯學。

儘管知識經濟或知識管理的定義衆說紛紜，但是如果我們說，知識經濟就是運用更多知識，或是知識密集的經濟型態，應無太大的疑義。換言之，知識經濟的核心精神在於，能夠動員越多的知識或創新能耐，企業或組織就越有競爭力。

從組織的角度來看，知識從何而來呢？不外乎深化既有的知識；或是廣泛地開發新知識。單一廠商可以從既有的組織資源，榨取更多的知識（求深）；或是擴大對知識的投資，以及向外尋求更多的知識來源（求廣）。

求深，是作家魯迅所說的「在無聲處聽驚雷」，是「管理心靈」發揮功用之所在，組織借由制度設計與資源指派，讓組織成爲知識與創新之泉。

求廣，是傳統諺語所說的「三個臭皮匠，勝過一個諸葛亮」，我們看見了組織動員知識力的來源，在過去的百年歷史當中，歷經了由企業主、而企業經理人、而企業的知識工作者、而企業的供應商與合作夥伴、而顧客的動態演化過程。此外，歷史也告訴我們，動員任何的知識力都沒有「白吃的午餐」，都是要付出代價的（見圖5-1）。

從組織的經濟理性（以獲利爲最大目的）的角度來看，我們現在已經很熟悉的員工分紅認股、合作夥伴間合資聯盟等等行爲，並不是出自企業主的善心，想和員工或是合作夥伴分享經營的成果，而是這樣的創新成果分享的制度設計，已被證明可以有

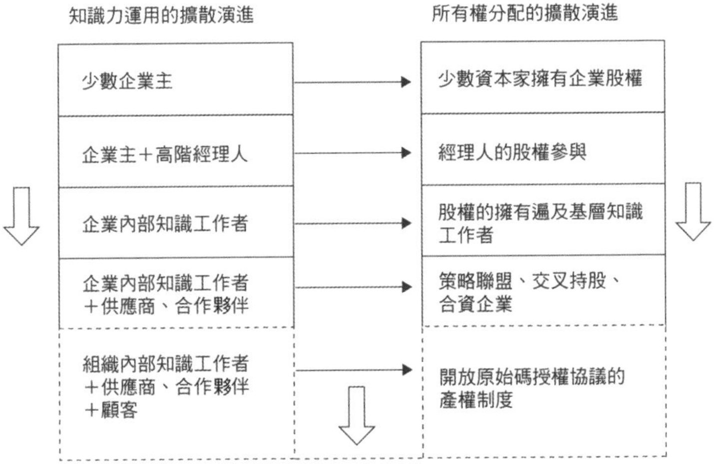

圖 5-1 動員組織成員知識與組織產權的分配間的關係

效地提升組織的創新效率，讓從事創新的組織相關人可以獲得對應的經濟報酬。

從這個角度加以分析，我們才能眞切掌握開放原始碼軟體運動的眞正意義。開放原始碼軟體動員了分散在全球各地成千上萬的程式開發者來發展軟體，什麼樣的制度設計，可以讓創新的成果符合經濟效率地分配給開放原始碼軟體社群的成員？開放原始碼授權協議做爲一種產權制度，就是回應這樣的需求的一種制度創新。

商業軟體的智慧財產權與不同開放原始碼授權協議間的差別

經濟學家通常依使用衝突性（rivalness）與可排他性（excludability）對財貨加以分類。使用的衝突性，指的是當一個人使用一個單位的財貨時，是否妨礙或減損其他人同時使用同一財貨的機會。軟體因爲是無形的財貨，因此在使用上是不衝突的。

可排他性，指的是排除他人共享一項財貨的可能性。可排他的產品，才有可能有專屬的所有權（exclusive ownership）：可排他性（excludability）甚至可以說就是私人產權的同義詞。產品可排他，才有可能在市場上交易，企業也才有獲利的可能。以Linux爲例，如果每個人都可以從網路上自由地下載軟體（沒有排他性），企業就幾乎不可能靠販賣Linux軟體來獲利。

產品的可排他性，則是由特定財貨的特性與所處的制度（institutions）所決定的。

如果沒有制度來保護財貨的所有權，沒有任何財貨是可以眞正完全排他的。某些類型的社會契約，像是政府或是較爲非正式的社會制度，才能讓缺乏資源保護自己財產的人的商品是排他的。因此，可排他性不是擁有一項資源的產權的本質，而是可排他性決定了誰可以控制或使用一項資源。

從財貨的特性來看，制度要保護實體財貨的財產權最爲容易，無形（知識產品次之，天然資源（像是臭氧層、地下水等等）最爲困難。換言之，可排他性並非有無之分，而是有程度高低之別。

同樣是知識產品，可排他性也有高低之別。許牧彥[①]認爲，知識具有不同程度的可排他性，是不同類型的智慧財產權之所以產生的根本原因。完全可排他者（像是可口可樂的配方），運用營業秘密的保護；部分可排他者，使用專利權；完全不可排他者，使用著作權。

此外，許牧彥也指出，知識的可排他性不僅只一端，而是有知識的排他權、信譽的排他權與載具的排他權三個面向，許牧彥將其稱之為知識經濟的三項基本定理：

（一）第一基本定理：知識需要靠載具來呈現，經濟個體可藉由控制載具的揭露程度及普及率來排他，而知識的排他程度決定了知識的共享程度；

（二）第二基本定理：知識共享的程度，決定信譽的排他程度；

（三）第三基本定理：知識的載具數量如果超過一定的限度，知識的總價值將減少。

由於群體與個體對知識排他的立場不同（對個體而言，知識越少人知道越好；對群體而言，知識越多人知道越好），群體因而必須透過產權制度的安排，授與個體三種排他的權利，藉以補償其知識揭露的損失（表5-1）。

表 5-1 智慧財產權的分類與原理

知識經濟原理	第一基本定理	第二基本定理	第三基本定理
排他權形式 產權	知識的排他權	信譽的排他權	載具的排他權
專利權	V	V	V
著作權		V	V
商標權		V	?

資料來源：許牧彥（2003）

專利權包括了知識的排他權，因爲其他人即使獨立發展出相同的知識，但是在時程上落後了，專利所有人仍然可以排除他人利用這個知識。專利制度是以優先性的考量，誘使技術發明人爭先公開知識（無法完全排除他人知曉的知識，否則知識的擁有者便會採用營業秘密保護，而不會申請專利），再授與知識的排他權、信譽的排他權與載具的排他權；著作權無法保障知識的排他權，因爲其他人可以將該著作以自己的話語重新表達，而只能夠保障著作不被剽竊或複製（載具的排他權）與信譽的排他權。

在過去，軟體的保護以著作權及營業秘密爲主，近十年來，以專利保護的方式也開始盛行。

軟體專利權的爭議較大，目前可獲專利的軟體包括程式的演繹法（program algorithm）、系統軟體、顯示系統、映像處理、游標控制、應用軟體、測試系統、功能表安排（menu arrangement）、拼字檢查次程式（spellchecking routines）、編譯技術（compiling techniques）、資料管理程式（data management programs）等。劉江彬②認爲，這些軟體專利有些可能不該批准卻被批准了，將來在法院受到挑戰時，有被撤銷之虞。典型的爭議個案之一，就是微軟將電腦得以判讀軟體的機器碼（binary code）當中的「0」與「1」兩個數字申請專利。如此一來，幾乎所有撰寫軟體的人都得向微軟要求授權③。

傳統的商業軟體（以微軟所開發的軟體爲代表），多半是混合運用了營業秘密、專利權與著作權來保護其軟體創作。要保持軟體的原始碼不爲外人所知，靠的是營業秘密；要阻止他人用相同的方式開發軟體，要用專利權；要防止軟體被抄襲或複製，靠的是著作權。

對比來看，所有的開放原始碼軟體都是放棄了營業秘密的保護，也沒有申請專利，因此也就不具備知識的排他權。開放原始碼軟體的開發同樣受到著作權的保護，而且開放原始碼的開發者可能還比一般的軟體開發者更在乎他在團體中的聲譽，因此並未放棄信譽的排他權。

不同開放原始碼授權模式之間的主要差異，在於載具的排他權。GPL授權模式的「病毒」（virus）條款規定，程式的修正版原始碼不得與其他授權模式的軟體結合或混用（也就是說，如果傳統商業軟體在其程式中用了開放原始碼軟體，其原始碼必須整個公開，而不再是專屬性軟體），等於是限制了商業軟體運用開放原始碼軟體的可能性。換言之，GPL病毒條款試圖排他的範圍，是企圖運用開放原始碼軟體開發成果的商業軟體。

GPL授權模式的copyleft條款規定，授權的軟體被進一步開發與修正之後，如果要再流通與發行，其原始碼也必須公開。這樣的條款等於是限制了開放原始碼社群參與者的知識排他權，但是同時也設下了載具排他的門檻——商業軟體可以運用開放原始碼軟體，但是必須開放其原始碼。這樣的載具排他權，不像病毒條款那麼嚴格。

BSD授權協議沒有copyleft與病毒條款，因此只有信譽的排他權，沒有知識與載具的排他權。

因此，從知識經濟的三個基本定理來看，我們可以歸結，傳統商業軟體與開放原始碼軟體在產權制度上的根本差別在於知識排他權的存在與否；不同的開放原始碼授權協議的根本差別，則是在於載具的排他權的高低程度不同（表5-2）。

GPL授權模式的載具排他權，讓運用GPL授權協議的軟體較爲接近俱樂部財；相對來說，BSD授權協議則是較爲接近公共財（表5-3）。

在BSD授權協議下的軟體，因

表 5-2 不同軟體產權形式的排他權

知識經濟原理	第一基本定理	第二基本定理	第三基本定理
排他權形式 軟體運用的產權形式	知識的排他權	信譽的排他權	載具的排他權
微軟（營業祕密、專利權、著作權）	V	V	V（高）
GPL（著作權、 copyleft條款、病毒條款）		V	V（中）
LGPL GPL（著作權、copyleft條款）		V	V（低）
BSD（著作權）		V	

資料來源：本研究修改自許牧彥（2003）

表 5-3 經濟財的分類

類別	使用衝突（Rival）	使用不衝突（Non-rival）	
排他（Excludible）	私有財（Private Good）	俱樂部財（Club Good）	↑ 商業軟體 GPL LGPL
不可排他（Non-excludible）	共有財（Common Good）	公共財（Public Good）	BSD ↓

資料來源：本研究，修改自Romer（1992）

爲性質接近公共財，減少了社群成員貢獻軟體的意願（出現投機份子的可能性較高），因此採用BSD授權協議的開放原始碼專案較少（只有百分之七，GPL則有百分之七十二，見本書第一章）。哪些開放原始碼專案會採用BSD授權協議呢？從BSD授權協議的歷史就可以看出一些端倪。BSD授權協議最早的版本是由柏克萊大學所制定，BSD幾乎是讓被授權者任意使用軟體，但是卻規定任何的修正版都必須註明：「這項產品包括了由加州柏克萊大學及其流通者所開發的軟體[4]。」這樣的聲明說明了柏克萊大學所在意的是「信譽的排他權」。這讓BSD授權協議的運作事實上與學術社群非常接近——透過知識的爭先公開（像是發表論文），來取得信譽的完全排他。

GPL授權協議則是透過病毒與copyleft條款來進行載具的排他，藉由減少商業公司或個人在其間進行投機的可能性，提高程式開發者主動貢獻程式的意願——開發社群成員所共享的軟體。此外，如同我們前面的討論，信譽的排他權對於開放原始碼社群成員也有很高的激勵作用。

開放原始碼軟體對軟體產業的意義

從以上的討論我們可以發現，開放原始碼社群的運作，事實上與商業軟體一樣高度依賴財產權，只是運用產權制度的方式較爲創新。

很明顯的，傳統的智慧財產權保護軟體的方式，可以讓投入時間、金錢與資源的傳統公司從他們的創新成果當中得到回報，卻很難適用於激勵透過網路而鏈結起來的開放原始碼軟體開發者。開放原始碼授權協議，則正是爲了要回應網路時代崛起的分散式知識運用的智慧財產權制度創新。

因此，對軟體產業而言，我們必須理解：

(1) 加強軟體智慧財產權的保護，以及開放原始碼軟體的崛起這兩件事並不是衝突的：有人認爲，開放原始碼軟體的出現，說明了不需要智慧財產權的保護，一個產業依舊能夠持續創新。這種說法並不正確。開放原始碼軟體依舊受到財產權的保護，只是保護的方式與過去有所不同。兩種財產權的保護方式並無優劣之分，沒有傳統智慧財產權的保護，企業幾乎不可能獲利，也就不可能進行持續的創新，並造福消費者；沒有開放原始碼授權協議的發明，網路社群的開發行爲也就很難得到規範，開發的成果可能會被商業公司所挪用，同樣沒有軟體開發者願意對開放原始碼軟體持續做出貢獻。

(2) 軟體開放原始碼與否，與軟體的品質沒有直接相關：開放原始碼做爲一種軟體開發方式，有其優點（動員衆人之力、版本更新較快、可以依個人的需求自行更改等等），也有其缺點（組織協調性不佳、缺乏策略方向、互補性資產不足等等），這些優缺點都會對軟體的開發造成深遠的影響，但是卻非許多開放原始碼軟體的擁護者所宣稱的，只要是運用開放原始碼模式所開發的軟體，便必然優於商業模式所開發的軟體。

(3) 開放原始碼軟體沒有道德上的優越性：許多商業公司熱情擁抱開放原始碼軟體，像是IBM、Sun等等，其出發點仍是有利自己公司的策略考量，與微軟這樣的軟體公司在本質上並無不同，也沒有比較高的道德優越性。

(4) 商業軟體開發模式與開放原始碼開發模式並不是對立的：商業軟體公司可以開放原始碼，讓使用者運用軟體更便利、更貼近自己的需求：開放原始碼社群也可以融入許多商業公司的運作機制，讓軟體的開發過程更嚴謹、更有計畫性。可以預見的是，未來這兩者的界線將會越來越模糊，兩者會是交互滲透學習，而不是對立取代。

對微軟而言，開放原始碼軟體的挑戰，則是一場全新的戰役。在過去，微軟，或者說是比爾・蓋茲，向來是以堅強的意志力摧毀敵人著稱。在過去十幾年間的軟體產業，也的確沒有任何軟體廠商是微軟的對手。

現在微軟所面對的，卻是一個沒有具體的組織樣貌，卻又似乎無所不在的競爭對手。在過去幾年的時間裡，微軟已經逐漸體驗到，「以剛克柔」並非回應開放原始碼挑戰的有效方式，開放原始碼的軟體開發模式，確實也是企業動員外部的知識力量來共同從事軟體開發、加強與顧客間關係的可行方法。

因此，微軟開始把開放原始碼視爲其總體策略的一部分，與開放原始碼社群積極地對話、開放部分的原始碼與顧客共享，以及與全球不同國家的合作夥伴共同從事軟體的開發。相對來說，開放原始碼社群的支持者如果仍只是從意識型態的角度出發，一味強調開放原始碼軟體的好處，未能積極吸納商業軟體開發模式的優點，再加上微軟在軟體產業的既有優勢與豐沛資源，誰能在這場軟體的新世紀之爭當中勝出，恐怕便已是相當清楚了。

附註

① 許牧彥（二〇〇三）《從知識的經濟本質談知識產權的原理》，Working Paper，國立政治大學科技管理研究所。

② 劉江彬（二〇〇三）《高科技智慧財產權問題研究》，台北：政治大學科技政策與法律研究中心編印，網址：http://tim.nccu.edu.tw/user_teacher/paulliu/book/BOOK1.HTM。

③ 可參考網址http://www.theonion.com/onion3311/microsoftpatents.html

④ 見http://undergraduate.cs.uwa.edu.au/units/233.410/submissions/willic06/notes.pdf，最近一次登錄二〇〇三年六月七日二三：二一。

後記

做生意就要做能夠predictable的生意

專訪微軟資深副總經理　吳勝雄

台灣產業的重點是在OEM和ODM，畢竟我們還是外銷導向，所以還是要聚焦在產業的全球行銷上面。毫無疑問的，國內硬體製造商的產品是要在國際上競爭的，對微軟來說，這些製造商不只是企業客戶而已，我們所要做的是如何協助這些合作夥伴提升國際競爭力。

以廣達爲例，同樣是一個Server Storage的產品，Linux和Windows Server Solution，哪一個能夠幫它提供比較好、客戶願意接受、又比較容易縮短Time to Market的產品？哪一個能夠提供給他最大的附加價值？答案很明顯，因爲今天廣達選擇了Windows Server Solution。Time to Market時間的縮短對硬體製造商的意義非常大，廣達當初用Linux就是無法談到一個比較好的訂單。廣達也承認，他們本來是做Linux的產品，兩、三年前都是用Linux在開發。當時Linux的風氣很盛，大家以爲是免費的，就算不是免費，也很便宜。而那個時候微軟還沒有全力投入這個領域。

他們覺得Linux好像看起來是免費的，還可以自主開發，這是多麼好的一件事情，於是大家就賦予Linux無限的想像空間。大家都想說，我終於可以擺脫微軟的束縛，就好像是小孩子從小到大都在爸爸媽媽身邊，被照顧慣了，長大了覺得反而是壓力、是束縛。到了念大學的時候就想說，終於可以住校了。

但是一旦開始念大學之後，才會發現很多食衣住行都要自己來，特別是從小到大，食衣住行都讓父母張羅，突然間要學習獨立，很多事情變得很麻煩，不是那麼順手。話說回來，Linux的原始碼不用錢，就好像是給你白飯，其他配菜、柴米油鹽醬醋茶，都要你自己去張羅，本來Default應該要給你的東西，變成你必須自己找不同的廠商去兜各種的解決方案，兜完之後再整合起來，煮成一桌飯菜。

當時Linux所謂的Free，有很多的意義。首先，Free代表的是Free Charge嗎？也不盡然。很多廠商因爲以爲Linux是Free而受了很多苦，最後vendor跟他收錢的時候，他還以爲：「你這不是Free的嗎？你怎麼跟我收錢？」第二，

Free代表Freedom，愛怎麼做就怎麼做，彈性很高，好像這些軟體都可以Free Sharing，到最後很多有價值的東西，像是一些專利或智慧財產權，都被隨意使用，完全失去任何界線，衍生出非常多問題。

對台灣廠商來說，首要之務是爭取時間開發出一個像機頂盒（Set Top Box）、PDA、Smart Phone這樣的消費性電子產品，讓消費者願意從口袋裡掏出錢來買，而不是開發出一個還在實驗階段的產品。

假如今天我告訴你這個產品要付一萬多元來購買，結果你買了以後，每天當機三次，或者產生很多無法解決的問題，你本來以爲應該可以解決的，但是沒辦法。他告訴你說，我這邊沒有解決方案，你要的話，要到別家買其他應用軟體，才能解決這個問題。一個Linux的產品差不多就是這樣，你以爲完全可以用，等到用了之後，才發現問題來了，而且一時間還很難解決。

舉個例子來說，有些設備需要「即時」的功能，你認爲Linux本來就應該包含這項功能，但是很抱歉，「即時」這項功能你要另外去取得授權。當你千辛萬苦取得授權以後，能不能放進去？放進去以後會不會有問題？整合的問題，最後由誰負責任？是你這個台灣的製造商要負責任，國外客戶付錢請你製造，不管你喜歡不喜歡，你就是要負這個責任。

很多做Linux的公司，他們的做法很簡單，他們也知道很多都是Free的，所以他們也只是收你一點服務費，然後派幾個人寫幾行程式碼給你，讓你放在產品裡面。驗收兩次，最後通兩次電話，然後銀貨兩契。以後就算你要付再多的錢也沒辦法找他幫忙，因爲問題如果太大，一定超出他的能力範圍。就算他想投資幫你解決問題，也要差不多花半年時間，可能到時還沒有辦法解得很完整。

Free等同於unpredictable

可是對台灣的這些製造商來說，他們的問題是，人家付錢給他跟他買這些設備，這些國外的客戶會放過他嗎？他一定要負這個責任。這層關係到這裡就切不乾淨了。到頭來，你還是要放棄Free Software，採用Commercial Software。拿微軟來說，只要是我們發布的平台，特別是嵌入式的，我們就會持續服務七到十年。我不會突然跟你說，抱歉不玩了；再者，我們有各種支援的功能，有些當然是要付錢的，但是付錢之後，你有問題可以找得到人，可以有人幫你解決問題。我們的產品每年會更新一次版本，硬體製造廠商隨著OS技術的增長，可以做一些創新（innovation），同時也可以規畫他的產品，明年具備這個功能，後年具備那個功能，包括他要整合在裡面的技術，找哪些零件，都已經有一個完整產品的雛形和時程。這樣的生意就比較predictable。

你不要忘了，這些公司每一間都是上市公司，都要對股東負責任。今年要做一千億，明年要做一千五百億，如果什麼東西統統都是在一個未知，完全無章法的情況下，這些CEO、總經理怎麼去跟股東報告。到最後，你還是要回到一種比較predictable的商業模式。

當初廣達採用Linux時，東西都做好了，但是就是沒有辦法出貨。貨到了客戶那邊，客戶給你嫌東嫌西，改這改那的，改兩樣還好，改五樣、十樣，幾乎每樣都改，那不就等於是整個重做了。你如果會寫程式就知道，改得太多，不如重寫。我兒子寫功課，作業簿上面改來改去，改到後來我就跟他說，你可不可以拿一張白紙重寫，上面都是擦痕。程式改寫比我這個比喻還要慘。

這樣的情況對硬體廠商有什麼好處呢？他又不是要做一個OS的公司，他的焦點應該是要把產品做好，和別人差異化。比方說透過特殊應用，像是提供額外服務、全球運籌等等，來達到差異化。舉例來說，從九五五（百分之九十五的貨在五天內送達），到九八三（百分之九十八的貨在三天內交貨），他可以從這個地方去提高效率，提升競爭力。他的重點不應該是在軟體上面，這不是說軟體不重要，而是軟體有像微軟這樣的專業公司在做，這種苦工應該是我們在下才對。

除了廣達，研華早期也都是用Linux，這兩家公司甚至都有投資關係企業在做Linux。另外，緯創在兩、三年前，也都有投資Linux的公司，因爲當時，大概三、四年前，每一家公司特別是台灣的公司，都會投資Linux，或者設立一個Linux事業部、open source事業部，多多少少研究一下。不過，他們到最後往往都會發現，產品都出不了貨。他們經歷過那一段時間也好，後來他們對微軟平台的滿意度都提高了。

其實這些公司遇到的問題都大同小異。這些硬體製造商要的是Time to Market，微軟除了能夠協助他們達到Time to Market之外，還能協助他們達到規模經濟的出貨量，能夠有持續性的訂單。微軟跟這些廠商的定位區隔得很清楚，我們就是專業的軟體廠商，我們並不會去做Microsoft牌的PDA、Notebook。我們的戰略目標很清楚，我的合作夥伴不用懷疑我，也不用擔心我會在市場上跟他們競爭。我們很清楚，微軟就是做軟體的，如果我們跑去做硬體，就會得罪所有的合作夥伴，他們就不會像今天這般地信任我們。

創造營運最佳平台的第三波

伺服器作業系統可以說是企業IT環境的基礎；對企業營運而言，伺服器作業系統的穩定性、效能、延展性及安全性，缺一不可，也是企業選擇伺服器作業系統的第一考量。歷年來，微軟不斷致力於提升伺服器作業系統的功能，從Windows Server NT到Windows Server 2000，其終極目標即在滿足企業對IT高穩定性、高效能、高擴充性的需求。

根據知名調查機構IDC今年所做的調查，亞太地區高達百分之五十的企業皆採用Windows伺服器作業系統，隨著Windows Server 2003的發表，IDC且預期二〇〇三年微軟在亞太區企業伺服器市場將繼續成長百分之六；從不斷增加的市佔率可以看出企業對Windows Server的肯定。

身爲微軟十二家大型企業經銷商之一，第三波資訊便爲許多企業成功導入伺服器作業系統平台，協助架構企業的IT環境；藉由與客戶的密切互動，第三波確實掌握了企業對伺服器作業系統平台的需求。

事實上，Server並不像一般的AP（應用軟體）、個人電腦的AP，如Office，一旦掛掉，隨時可重灌，並不會造成大損失，但如果掛在伺服器作業系統平台上的應用系統無法執行，如mail server、ISA等，對企業運作影響巨大；因此，企業伺服器平台的要求，主要在於效能、穩定性及安全性，而維護成本及價格則是次要的考量。

過去，第三波所經銷的伺服器作業系統平台有Windows Server與Linux，如今則以前者爲主，而這兩者的差別，則在於相容性。Linux在軟體及硬體的相容性上，都遭遇到不少問題；不少客戶使用後，才發現很多軟體無法在Linux上安裝，或是很多硬體找不到Driver，例如不少防毒軟體無法安裝於Linux上，那麼負責該客戶的業務就得額外花心力去找可相容的軟體。可是企業在e化過程中會引進諸多如ERP、CRM或SCM等系統，不過有些components就是無法相容，這時工程師就必須花很多時間在現場，以協助客戶解決問題。另一方面對客戶而言，也得付出較高的維護成本。

此外，Linux的指令式管理與Windows Server 2000的圖形管理介面迥然不同，圖形管理介面容易上手，操作也較方便，而微軟的GUI——也就是所謂圖形管理介面一向領先同業，對初學者而言，無異是降低學習、操作的門檻，並在使用上十分便利，而且Windows Server 2000擁有比Windows Server NT更多的精靈，全程協助使用者安裝軟體、新增硬體、設定網路等。

Linux的世界雖然自由，但指令式管理卻不甚方便，所以消費者往往會不知道要下什麼指令，這些問題不但讓工程師們應接不暇，也直接造成企業管理伺服器的困難。

除了Windows Server的支援性相當強之外，其軟硬體相容度高，技術支援也十分完整，不論是微軟的網站、技術白皮書，以及許多的行銷資源都可算是技術支援的一部分，這些優點都讓身爲經銷商的第三波與身爲使用者的企業，可以有系統的找到解決方法。相較之下，如果是Linux，工程師不但要自己買書或上討論區，付出較多的時間成本，同時也間接形成Linux人才難尋的現象。

獨創AD目錄服務管理集中化

微軟一向以產品線完整著稱，在Windows Server 2000之上搭配相關應用軟體，尤其是其他的server，效能將會絕對加乘。此外，如果想在伺服器上架Exchange Mail或SQL Mail，Windows Server 2000更是不二之選！

Windows Server 2000的訴求爲多功能網路作業系統，意即提供一個完整的平台，讓企業架構運作流暢的網路環境：Windows Server 2000的延展性、擴充性極佳，當企業隨著規模增加而進行擴充時，Windows Server 2000會比Linux容易進行擴充，而當企業人力規模增加，Windows Server 2000 可以允許大量使用者同時使用多種應用程式，如電子郵件、線上交易、訊息服務等。

在此一多功能網路作業系統，Windows Server 2000用於架設Mail Server、WWW、FTP等非常方便，甚至可以在Windows Server上直接修改網頁。

Windows Server 2000另一項令人驚豔的便是它的Active Directory，也就是所謂的目錄服務，可以提供企業集中管理功能、節省資源，可說是企業管理伺服器的一大利器。Active Directory 是利用一致性的管理介面，將視窗使用者、用戶端及伺服器集中管理，可以降低企業的維護成本，尤其是Active Directory的多重複寫功能。例如當有人力調度時，按照過往作法，必須個別將資料轉人力資源部門、MIS部門等，但利用Windows Server 2000的AD目錄服務，資料可以直接倒進來，無需重新建立Account，明顯提高企業的管理效能。

在台灣，Windows Server 2000已是企業伺服器作業系統的首選，隨著Windows Server 2003的發表，企業也開始詢問有關Windows Server 2003的相關訊息，而Windows Server 2003無論在功能的完整性、穩定度及安全性上都有顯著提升，而這同時也是第三波即將全力推動的主力商品。

提供整合性服務的微軟

經過不斷的組織調整，以電腦遊戲起家的第三波資訊，目前旗下有商用軟體、線上遊戲、文教圖書、資訊科技雜誌、數位加值服務等相關業務，而以商用軟體與線上遊戲爲核心業務。

這兩年來，第三波商用軟體事業處一直是微軟的重要經銷夥伴，提供企業客戶微軟系列產品。第三波其他代理或經銷的產品還包括趨勢科技、歐特克（Autodesk）、賽門鐵克（Symantec）、Adobe、Micromedia與友立資訊等知名品牌之商軟授權或套裝軟體。目前第三波所服務的客戶累積超過三千名，且台灣前五百大企業中，約有一半企業爲第三波商用軟體事業處的客戶。

張凱雲指出，商用軟體的市場日益專業化，過去純做軟體銷售的營運模式早已不適合整個市場生態，全方位的服務成爲必然趨勢。未來，除了販售軟體版權、套裝軟體，還希望根據企業需求，協助企業進行專案的建置、規畫，包過IT的整合、AD的導入，甚至硬體的升級等，從建置、技術服務、規畫都將是第三波服務項目。今年六月，第三波資訊正式併入宏碁，未來商用軟體事業處以及線上遊戲，將與發展3C通路的展碁、半導體通路的建智，一同成爲宏碁旗下的通路事業群，爲企業帶來更周全的加值服務。

讓電子連絡簿活起來的勤慈幼稚園

新竹市民沒有人不知道，在國家藝術園區裡有一間知名的雙語幼稚園。這間幼稚園規模不算大，只招收兩百位學生，但是論e化程度，這間幼稚園可是新竹市數一數二的幼稚園。它就是勤慈幼稚園，新竹科學園區裡很多高階主管都把小朋友往這裡送。

去年中秋節，勤慈幼稚園舉辦親子晚會，十點鐘晚會才結束，十一點時活動照片就已經放到網站上了。而且，勤慈還設立了多國語言的電子連絡簿，家長只要連上勤慈網站，就可以連上這個電子連絡簿，對於小孩在校的情形，一目了然。此外，勤慈幾乎已經做到無紙化程度，舉凡招生簡章、活動報名表等等，都是用電子郵件送到家長手裡，或者透過電子佈告欄定期公布幼稚園最新訊息。

不過，在交出這麼棒的e化成績單之前，勤慈和許多企業一樣，都曾歷經一段血淚教訓。勤慈於兩、三年前開始e化，當時首先著手推動的就是電子連絡簿，但是最後卻失敗了。

採用Linux，e化經驗慘痛

跟許多企業一樣，勤慈在資訊方面的預算也很緊，爲了節省成本，勤慈院長接受第一任MIS工程師的建議，放棄收費的Windows Server 2000，而採用免費的Linux做爲伺服器作業系統。

然而Linux存在一個最基本的問題就是，只有專業的技術人員才懂得如何設定一個Linux系統，而培訓一名Linux技術人員要比培訓一名Windows Server 2000技術人員還要難，所以一旦發生問題，要找人來維修的困難度也相對更高。更大的問題是，很多Linux技術人員都是從做中學。在任由第一任工程師自由架構伺服器的情況下，勤慈的伺服器架構最後變成一頭難以駕馭的「巨獸」。

後來，第一任MIS工程師離職後，勤慈根本很難找到人來接著繼續管理網路系統。於是才剛上線的電子連絡簿，沒多久就下線了。後來好不容易找到人來接手，不到兩個星期就走了，因爲網路一天到晚被駭客入侵。

Linux之所以免費，是因爲它的原始碼是公開的（open source），但是也因爲是這樣，駭客可以輕易到找到後門入侵。在新工程師接手的那兩個星期，每天所做的就是不停地更改權限、密碼，因爲駭客隨時都在入侵，駭客甚至囂張到更改原始密碼，讓接手的那位新工程師手忙腳亂。

後來，多虧了長成資訊技術顧問羅濟棠接手，情況才開始好轉。羅濟棠認爲，與其花力氣繼續與巨獸纏鬥，不如將巨獸殺了，另外架一個全新的伺服器系統。這一次，羅濟棠建議勤慈幼稚園改以Windows Server 2000作爲伺服器作業系統。這一改果然原來的問題統統都消失殆盡了。

Linux 缺乏技術支援

首先就是技術支援的問題消失了。羅濟棠指出，Linux誕生至今不過幾年，不僅相關技術人員培養不易，而且投入開發應用軟體的廠商有限，因此可以應用的空間有限，而且技術支援也相當缺乏。「重點是在Linux發生問題時，能不能馬上察覺？能不能立即找到人解決？以往的經驗告訴我們，答案是否定的。」羅濟棠說。

但是相對上，Windows Server 2000因爲有微軟做後盾，微軟不僅相關應用軟體非常多元，而且技術支援上，更有龐大的技術部隊，和Linux一比較，孰優孰劣，立見高下。

張福生在勤慈改採Windows Server 2000之後，接手勤慈的MIS工作。他說，勤慈自從改用Windows Server 2000之後，根本不必擔心伺服器維護問題，有長成資訊協助，維護起來輕鬆許多。「不久前，伺服器有一點小問題，羅濟棠透過遠端協助，幾分鐘內輕輕鬆鬆就搞定了，如果是Linux，可就沒那麼容易了。」

Linux的應用軟體太少

改採Windows Server 2000對勤慈來說，最大的好處就是，可以使用很多現成軟體來達到e化的目標。羅濟棠說，以前勤慈用Linux系統時，很多應用軟體都不支援，連當時上線的電子連絡簿都經常掛掉，造成家長與園方很大的困擾。「但是採用Windows Server 2000之後，只要用Microsoft Exchange就可以輕易做到電子連絡簿了。」

現在，在小朋友入學時，勤慈會用Microsoft Exchange爲每位家長設立一個電子郵件信箱，做爲老師與家長間溝通的管道。而且，Microsoft Exchange的公共資料匣，還可以作爲電子佈告欄，公告最新訊息、活動照片、每日英語片語等等。

舉例來說，勤慈每年固定舉辦的活動相當多，每一次都一定會照相存檔，供家長查閱。以前，每次活動結束後，就必須抱著十幾卷底片到照相館，沖洗好之後還要花時間一張張放到相本裡去。底片、沖洗費、相本等零零碎碎的成本加起來，也是一筆不小的開支，更何況還要找人來負責這件事。後來有了電子佈告欄之後，每一次活動，勤慈都用數位相機拍下來，活動後直接放到網路上，家長在瀏覽之餘，若是想要下載，也非常方便。

此外，羅濟棠還利用Microsoft FrontPage加上Microsoft Access，爲勤慈設計了線上報名表。以往，統計報名表都是人工作業，除了正規課程之外，勤慈還有多達二十幾項的才藝班，平均每位小朋友報名的才藝班項目多達五、六項，統計起來非常耗時費力。而現在只要將線上報名表的資料匯至Microsoft Excel，統計的工作就交由電腦去做了。

讓羅濟棠相當驚訝的是，採用線上報名表之後，也節省了不少的紙張與郵電成本。他說，以往一份報名表少說有五頁，加上信封、郵票，都是一筆不小的開銷。現在用電子郵件把報名表的網址寄給家長，家長只要連過去就可以報名了，不僅園方節省了七到八成的費用，連家長都覺得很方便，也就是說，如果沒有使用Microsoft Server 2000，這些效果是看不到的。

後續成本高昂的Linux

張福生說，很多企業最初都以爲Linux開放原始碼是免費的，所以都以Linux作爲伺服器作業系統，但是一經採用後，才發覺後續成本是高昂的。譬如說，Linux的應用軟體很少，通常都要請Linux專業廠商來開發，但是對方可能一開口就是三、五十萬，重點是還不知道能不能用、穩不穩定。

就像當初勤慈以為Linux是免費的，在經費有限的情況下就導入了。哪裡知道，電子連絡簿必須請Linux專業廠商開發，上線之後還不時掛掉，造成家長抱怨連連。羅濟棠進一步指出，由於Linux專業廠商不多，技術人員也有限，通常發生問題時，很難能夠立刻找到人來維修，就算找到人，通常也是兩天以後的事了，而且維修費用高昂。Linux的建置成本是零，但是維護成本多半都是以數十萬來計算。

算一算改採Windows Server 2000之後，雖然Windows Server 2000的建置成本比Linux高很多，但是維護成本卻是低的，所以整體而言，還比Linux便宜多了，Linux雖然導入成本低，但是導入之後才是成本的開始。而且重點是Windows Server 2000之上，可以應用的軟體太多了，大大提高了e化工程的便利性。

創造最大效率的網核

距離捷運昆陽站約十五分鐘車程的南港軟體創新育成中心內，聚集著二十六家活力十足的軟體資訊廠商，不管是軟體開發、線上遊戲的開發、多媒體設計或電子商務，都卯足全力爲台灣資訊產業貢獻心力。身爲其中一員的網核股份有限公司，於一九九九年成立，觸角從最初的電子商務，延伸到今日的數位內容管理，不斷跟著市場潮流調整方向，致力於整合各項資訊服務，以提供顧客total solution爲營運策略。

提供整合性解決方案

從一九九九年成軍以來，網核逐步拓展產品線，目前產品主要分爲內容管理、電子商務及內容保全系列。不過，企業未來必定有資訊整合的需求，這整合包含了企業內部與外部，而企業如何有效管理自身的數位資產將會是一大課題。於是網核在二〇〇一年將自己重新定位爲專業數位內容管理解決方案提供者，並確認以內容管理爲中心架構的營運策略。

在內容管理方面，網核擁有微軟的CMS（Microsoft Content Management Server）以及Documentum、CrownPeak、Devine等內容管理相關軟體，其中Documentum還是台積電進行知識管理的工具。而在電子商務方面，早在二〇〇〇年時，網核就特別針對半導體產業的需求，開發出ICmatch，專爲半導體供應鏈的B2B交易提供解決方案。網核另一套電子商務軟體Ocity則兼具了B2B與B2C的功能，以及經銷存的管理。例如小規模的企業或者經銷商有時並不需要花費龐大資源引進ERP，而只需要額外針對經銷存進行管理時，有經銷存管理功能的Ocity就會是很好的選擇。

去年六月，網核著眼於企業日益重視資訊加密，而引進備受矚目的內容保全軟體——Mirage，專門用以防止企業機密資料被不肖人士複製、儲存、轉寄、列印，甚至螢幕擷取，讓企業能隨時掌握機密資料的流向，協助企業精準的內控。針對客戶，網核所提供的架構是「以內容爲中心的平台」，隨後客戶可在此平台上架設所有的Portal（入口網站）、搭配安全相關軟體或加上其他如搜尋引擎等功能，甚至搭配上e-commerce，以提供完整的total solution爲方向。

今年四月，不斷求新求變的網核還新增加了內容解壓縮的產品線，其出發點來自於行動通訊對檔案轉換的需求，例如電腦上的大型圖檔，在傳輸到手機螢幕上之前，如何detect手機的大小、螢幕解析度，進行解壓縮後再傳輸。

此外，網核還提供IR、BI以及EIP等服務，爲的就是希望成爲數位內容管理的完全解決方案提供者，而根據MetaGroup預測，企業內容管理的市場規模將於2004年超過一百億美元。網核從最早以電子商務軟體起家，到如今以數位內容管理爲中心架構的營運策略，正緊緊抓住了這股市場潮流而前進。

提高運作效率Windows Server 2000

網核從內容管理爲中心架構，對於所開發及引進的軟體，也都希望能發揮其最大效益，這也是網核選擇Windows 2000 advanced server爲各軟體作業平台之主要因素。

事實上，在一九九九年網核初成立時，先是選擇以免費、開放性原始碼著稱的Linux爲旗下產品的作業平台，並以PHP和MySQL爲開發工具，開發了「非常拍賣」，但卻遭遇了一些問題。其中首當其衝的便是中文化問題。由於Linux是在美國開發的，雖然可以從美國取得免費的原始碼，運作上也都OK，但要跑中文就是有問題，光是解決中文化問題，就忙翻了一票工程師。

其次，Linux世界裡來自四面八方程式高手所寫出的程式碼，其版本繁複，要去修改它變成是一件相當困難的事情，因爲不同的程式撰寫者，編碼的方式也都不同，工程師必須花很多時間去尋找相關資源。所以雖然網路上可找到許多Linux的群組，但要在問題產生之際馬上尋找到解決方法卻不甚容易。例如今天也許顧客需要更改欄位或字數要修改，就必須把所有code都讀完一次，有時未必找得到詳細的註解，工程師得先想辦法讀懂，而這往往需要花費很多額外的時間。

爲了節省時間以及尋求更好的原廠支援，網核便在二〇〇〇年改以Windows 2000 advanced server作爲旗下應用軟體的開發平台。殷志勤指出，網核所接的專案都有一定的急迫性，如何以有效、快速的方式完成專案，既達到客戶滿意度，又能減輕工程師們的負擔，這是網核在更換系統的最大考量。

「嚴格說來，我們也算是經銷商，除了自家產品外，也是微軟、甲骨文、龍捲風等資訊廠商的合作夥伴。」殷志勤表示，相形之下，原廠的支援是否足夠是不得不考量的因素。

採用Windows 2000 advanced server後，殷志勤明顯感受到，原廠完整的支援所帶來的助益，Linux是完全沒有technical support，一切都必須要自己來，相較之下，微軟的支援體系相當龐大且完整；只要是關於Windows Server 2000的問題，都可以直接找原廠問，且文件相當詳細，再加上已完整中文化，工程師在coding時，速度會比較快，生產力自然較高。此外微軟產品一向以user friendly著稱，GUI的管理介面尤其使用方便，而Linux必須採下指令方式操作，工程師們必須花上較多時間。

而許多企業所顧慮的Windows作業系統的安全性問題，根據美國SANS的報告指出，Linux作業系統其實比Windows更容易遭受到攻擊；另一份

Aberdeen Group所發表的報告也指出，Windows的安全性其實優於Linux。

其實Windows Server 2000一推出，就獲得國際大廠，如SAP、Oracle及IBM等，選擇作爲軟體開發的平台，不難理解網核在2000年選擇Windows 2000 advanced server的出發點爲何。

朝Windows Server 2003邁進

Windows 2000 advanced server強大的原廠支援的確讓網核獲益良多，不僅降低時間成本，同時其廣大的市佔率，也讓網核的產品在較好的利基點上切入市場。事實上，無論是財經、製造或電信服務產業，中大型企業採用Linux爲伺服器作業系統的實在並不多。

而且，微軟產品的road map相當清楚，整合性也相當高，例如網核自行開發的電子商務軟體Ocity便是搭配微軟的Commerce Server，目前已累積有三十家左右的客戶。將來除了持續在Windows 2000 advanced server環境之下架構更有利於企業管理數位內容的軟體之外，隨著Windows Server 2003的上市，網核正加快腳步，目前已開始進行Windows Server 2003版的相容測試，並期待功能更強大的Windows Server 2003能讓網核的系列產品得到最佳的效能，而Windows Server 2003中一項數位權管理的功能，更是與網核的資訊加密軟體Mirage頗有志一同的瞄準企業對保護內部機密內容的需求。

展望未來，網核希望能在穩健中求成長，秉持著專業數位內容管理者的角色，引進國際間最尖端的資訊技術，以提供企業、政府完整的內容管理解決方案。

附錄

開放原始碼軟體主要術語彙編

BSD授權模式

一種對任何人（包括商用軟體開發者）使用原始碼不施加任何限制的開放原始碼軟體授權模式。原始碼可以納入其他軟體，而且不管是否作出修改，都可以用二進位元碼（Binary Code）形式進行再流通，但是必須註明版權出處。BSD授權模式與GPL授權模式不同，不是一種病毒性的授權體系，沒有強制與開放原始碼軟體合用的程式碼都必須公開。著名的開放原始碼伺服器套裝軟體Apache就是採用BSD授權模式。

教堂與市集

這兩個術語來自Eric S. Raymond所寫的一本關於開放原始碼軟體發展的書《教堂與市集》（The Cathedral and the Bazaur）。Raymond把商用軟體發展模式比喻爲「個別天才或是一群博學之士，在莊嚴孤立的環境中精心設計建造大教堂」；而開放原始碼開發模式則是「充斥著不同行動計畫和方法的嘈雜喧擾大市集」。Raymond認爲，開放原始碼開發模式的主要好處，在於，集體開發過程的自我修正、更新性質。他指出：「如果有足夠多的眼睛注視的話，所有的錯誤都將變得顯而易見。」

商用軟體

多數成功的軟體公司使用了多年的業務模式。商用軟體開發者透過銷售其產品的拷貝，回收其對軟體研究和開發的投資並從中獲利。這又進而吸引人們作進一步的投資，導致進一步的創新，並使消費者和當地經濟進一步受益。商業性開發者依賴智慧財產權保護（包括著作權和專利保護等等）來維持這種創新的循環。

分歧

當某一軟體程式循著兩條彼此不同而又互不相容的開發路徑前進時就出現了分歧。分歧能使關於某一程式的不同創意彼此競爭。但若某一程式分出一個或多個「衍生類型」，則其不同的版本也許就不能共同運行，獨立的軟體供應商也許就無法保證其程式在每一不同的派生種類之間相互相容。最爲著名的分歧例子是UNIX。由於經常沒有一個組織能夠確保軟體發展方向的一致性，因此，分歧也就成爲某些開放原始碼軟體的一種風險。實際上，Linus Torvalds已對Red Hat發佈的Linux版本提出批評，其原因是，它的編譯程序與其他的Linux不能相容。

自由軟體基金會

自由軟體基金會（FSF是由Richard Stallman）在一九八五年成立，是一個致力於提倡其所定義的「自由」（free）軟體的組織，尤其是把重點放在按照GNU-GPL授權發行的開放原始碼軟體上。根據其網站上的介紹，FSF「致力於增進電腦用戶使用、研究、拷貝、修改和再流通電腦程式的權利」，並「協助傳播對於軟體使用自由方面的道德和政治問題的意識」。

GNU—GPL

此爲一種病毒性（virus）授權模式，爲了有別於商用軟體的智慧財產保護模式，也被稱之爲反版權（Copyleft）模式。此種授權模式允許免費使用、修改和再流通開放原始碼軟體及其原始碼。其中含有三種主要限制：(1)允許對軟體進行再流通，但必須保證原始碼的可獲得性；(2)原始碼是按「現狀」許可的，不帶有關於產品性能或不侵犯第三者權利的保證；(3)通過GPL授權的軟體，可以不受限制地作出修改，只要衍生作品亦受GPL管轄。這些限制意味著，流通含有GPL授權的原始碼的軟體的作者必須免費許可和提供整個產品（包括衍生作品）的原始碼。由於接受軟體流通的任何人都有權對該軟體進行再流通，GPL幾乎把軟體的市場價格打壓成零。Linux就是採用GPL授權模式流通。

LGPL授權模式

GPL授權模式的修正版，兩者的主要區別在於，以LGPL授權模式運作的軟體功能庫，商用軟體和其他產品可以利用該軟體功能庫，而不會成爲應受病毒式授權規範約束的衍生作品——而是只有對該軟體功能庫本身所作的修改才必須公開。自由軟體基金會已公開地對限制性較少的LGPL提出批評，鼓勵開發者使用GPL，甚至將其用於軟體庫。

GNU專案

GNU專案是由Richard Stallman於一九八三年發起的，目的是爲了開發一種完全自由的軟體作業系統。Stallman想讓「GNU」（是「GNU's Not UNIX」的縮寫）與UNIX相容，但又不受相同授權問題的制約。

Linux

Linux是源自UNIX作業系統的開放原始碼軟體版本。Linux的核心是由Linus Torvalds於一九九一年開發，再加上GNU應用程式後就成了Linux。核心和應用程式的開發工作在Torvalds的領導下，不斷地在擴張當中，目前的核心程式的原始碼已超過一千萬行。Linux的著名開發與流通者包括Red Hat、Caldera、SuSE和TurboLinux。

Mozilla授權模式

是由Mozilla組織所編寫的一種開放原始碼軟體授權（「Mozilla」是網景公司用以發佈其瀏覽器原始碼的名稱）。與GPL授權相同的是，Mozilla也是一種病毒性授權模式，凡是對經過Mozilla授權的軟體或者該軟體的修改版進行再流通的，同樣都受該授權規範的約束。但與GPL不同的是，Mozilla授權模式允許用戶將許可範圍內的原始碼與其他原始碼結合起來，以創作更大的作品，而不要求將該其他原始碼也納入該許可的適用範圍之內。

開放原始碼軟體

是一個不甚精確、意義含糊的術語，用於描述關於許可、業務和軟體發展的一系列概念。所有開放原始碼軟體產品的唯一共同點，是可以不受限制地查看一項產品的原始碼。開放原始碼軟體可以通過多種授權模式加以許可，其中最受歡迎的是GPL和BSD。這些授權模式差別很大，每種授權模式都涉及到不同的風險和限制。開放原始碼軟體許可允許用戶查看原始碼，但若用戶修改原始碼，然後試圖爲商業目的或非商業目的而流通該原始碼的話，那麼可能會受到限制。

開放標準

標準是通過描述不同的元件（如電腦或者同一電腦平台上的不同系統）如何交互作用，使彼此競爭的產品能夠相互操作的技術規範。「開放標準」，亦稱「平台中立性標準」，由對所要形成的規範具有共同興趣的供應商所制訂的。平台中立性標準之所以被稱爲「開放的」，其原因只是由於該標準以及爲執行該等標準所需的必要專利可以向任何人提供。開放原始碼軟體不是開放標準的來源，提倡開放原始碼與促進具有平台中立性的標準化無關。

共用原始碼

共用原始碼哲學是一種既能與客戶和合作夥伴共用原始碼，又能維護爲維持商用軟體業務所需的智慧財產權的平衡方法。分享原始碼的目的，是要得到讓更多的人查看原始碼所帶來的好處（像是社群的培育、資訊回饋的改進和調適能力的加強等等），而同時又不放棄銷售軟體、維護軟體完整和決定如何改進軟體的權利。採用共用原始碼方法的商用軟體開發者，會向其客戶和合作夥伴提供查看軟體原始源碼的機會。微軟是分享原始碼方法的主要倡導者之一。

整體擁有成本

整體擁有成本（Total Cost of Ownership, TCO）指與使用某一軟體產品有關的一切費用，不但包括購買費用，而且包括安裝、管理、售後服務和培訓的費用。把這些額外費用都考慮進去，才能算是使用一套軟體的全部費用。一般來說，商用軟體的購買費用較高，但是後續的費用較低，開放原始碼軟體則是剛好相反。

UNIX

UNIX是一種著名的作業系統，原由貝爾實驗室（當時是AT&T的一個部門）於一九六九年開發。加州大學柏克萊分校則開發了BSD UNIX系統（BSD授權協議即起源於此）。與此同時，AT&T又將其UNIX的開發工作轉給了Western Electric，自此就出現了兩個分歧的Unix版本。後來Unix又進一步分裂，出現了BSD UNIX的許多不同版本，以及經過某些硬體供應商（包括Sun）修改的版本。

1991年，Linus Torvalds又開發了Linux。因此，Linux其實也可以算是UNIX的另一新版本。由於?UNIX的一個「衍生類型」所寫的程式未必能與另一種版本相容，因此，UNIX的過度分化已使該作業系統面臨挑戰。

「病毒性」許可

開放原始碼的「病毒性」條款要求任何衍生作品（即使是只用了一小部份的開放原始碼軟體），都必須遵守與原原始碼相同的條款。換句話說，任何原本爲傳統智慧財產權法規所保護的軟體，一旦結合了採用病毒性條款的開放原始碼軟體，就自動也成爲開放原始碼軟體。

附表 1 開放原始碼社群組成份子

洲別	國家	城市	參與人數
美洲48.0%	委內瑞拉 1		
	阿根廷 2		
	巴西 5		
	加拿大 33	溫哥華	9
		多倫多	8
		渥太華	3
		蒙特婁	2
		Calgary	1
		魁北克	1
	美國 208	舊金山灣區	14
		波士頓	10
		丹佛	10
		洛杉磯	10
		亞特蘭大	6
		奧斯汀	6
		紐約	6
		巴爾的摩	5
		堪薩斯	5
		波特蘭	5
		西雅圖	5
		聖路易	5
		華盛頓	5
		哥倫布	4
		底特律	4
		密爾瓦基	4
		費城	4
		聖地牙哥	4
		達拉斯	3
		休士頓	3
		印地安那波里斯	3

（續上表）

洲別	國家	城市	參與人數
美洲48.0%	美國　208	匹茲堡	3
		鳳凰城	3
		鹽湖城	3
		芝加哥	2
		萊辛頓	2
		麥迪遜	2
		明尼亞波里斯	2
		納許維爾	2
		Providence	2
		沙加緬度	2
		Tampa	2
		Tulsa	2
		Ames	1
		Ann Arbor	1
		Bozeman	1
		夏洛特	1
		辛辛那堤	1
		克利夫蘭	1
		Ft. Lauderdale	1
		Gainesville	1
		Hartford	1
		Huntsville	1
		Lansing	1
		紐海文	1
		紐奧良	1
		奧蘭多	1
		里齊蒙	1
		聖安東尼	1
		雪城	1

（續上表）

洲別	國家	城市	參與人數
歐洲42.2%	立陶宛 1		
	拉脫維亞 1		
	愛爾蘭 1		
	冰島 1		
	芬蘭 1		
	愛沙維亞 1		
	克羅埃西亞 1		
	斯洛伐克 2		
	俄羅斯 2		
	波蘭 2		
	斯洛維尼亞 3		
	希臘 3		
	羅馬尼亞 4		
	匈牙利 4		
	西班牙 5		
	丹麥5		
	瑞士6		
	比利時6		
	奧地利 6		
	挪威 9		
	義大利 11		
	瑞典 12		
	法國 17		
	荷蘭 19		
	英國 33	倫敦	16
		里茲	4
		布里斯托	2
		曼徹斯特	2
		愛丁堡	1

（續上表）

洲別	國家	城市	參與人數
歐洲42.2%	德國 62	慕尼黑	7
		柏林	6
		法蘭克福	5
		斯圖嘉特	5
		努能堡	4
		漢堡	3
		亞琛	2
		杜塞道夫	2
		海德堡	2
		科隆	1
		漢諾威	1
		萊比錫	1
	台灣 1		
	南韓 1		
	新加坡 1		
	馬來西亞 1		
	日本 1		
	印尼 1		
	香港 1		
	南非 1		
	摩洛哥 1		
	加彭 1		
	亞美尼亞 1		
	安哥拉 1		
	中國 2		
	紐西蘭 3		
	以色列 3		
	印度 4		

（續上表）

洲別	國家	城市	參與人數
其他9.8%	澳洲 27	昆士蘭	1
		布里斯班	2
		墨爾本	5
		坎培拉	5
		雪梨	9

資料來源：Boston Consulting Group（2002）

附表 2 開放原始碼的31種授權協議（授權協議的種類不斷增加當中）

開放原始碼授權協議	重要特性
The GNU General Public License （GPL）	1. 任何人可公自由複製、修改、散佈、收費原始版本或修正版。 2. 不能修改GPL賦予使用者的權利。 3. 任何軟體產品若用到遵守GPL的軟體原始碼，就視同自動遵守GPL。
The GNU Library or "Lesser" Public License （LGPL）	1. 當函式庫的著作權擁有者或組織接受LGPL時，它的函式庫就成為LGPL。 2. 不能修改LGPL賦予使用者的權利。 3. 任何函式庫若用到遵守LGPL的軟體原始碼，就自動遵守LGPL。
The BSD License	1. 衍生產品可以公開原始碼也可只公佈二進位碼。 2. 可將開放原始碼的程式納入專利軟體中。
The MIT License	1. 任何人可以免費的取得軟體及其相關文件檔。並使用、複製、修改、合併、設立次協議、散佈、販賣原始版本或修政版。 2. 軟體的複製版和任何套用MITL軟體一部分的軟體也需守上述規定。
The Mozilla Public License v. 1.0 （MPL）	1. 任何人可免費取得軟體原始碼。 2. 為了保障第三造的智財權，對於軟體的使用、修正、散佈，僅限於合理的使用範圍之內。
The Qt Public License （QPL）	1. 可以複製和散佈未修正的軟體版本。 2. a:修改版不能更改原版本的授權協議;b:修改版也需遵守原授權協議下。在遵守上述條件下，可以修改軟體並釋出修正版。
The MITRE Collaborative Virtual Workspace License （CVW License）	1. 本專案的軟體是為美國政府所創作。 2. 欲下載本軟體，你必須遵守GPL或MPL。

（續上表）

開放原始碼授權協議	重要特性
The Artistic License	1. 在沒有任何限制條件下，去取得、散佈、販賣套裝軟體（package）的標準版本。 2. 在四個條件下（a:將修改版放在public domain或讓人自由的取得;b:只在企業或組織內部使用;c:將它重新命名以和原標準版產生區隔，並說明它和標準版的差異之處;d:和原作者商議出其他的散佈協議），至少有一個必須符合才能修改。
The IBM Public License	1. 任何人可以在授權協議下免費的取得、使用、販賣軟體並結合其原始碼。但是硬體的專利並不在授權的範圍之內。 2. 當任何人欲將貢獻以自己的授權協議釋出，則該授權協議也必須遵守本授權協議。 3. 任何欲販賣軟體產品的貢獻者（稱為商業貢獻者），必須同意保護和保障其他非商業貢獻者，包含了法律訴訟等等法律行動。
The Ricoh Source Code Public License	1. 在遵守第三造或其他貢獻者的智財權聲明下，可以免費的取得、修改、展示、創造衍生產品。 2. 你所釋出的原始版、修改版軟體及未來相關的衍生版本都需附上原始程式碼，並且都需要遵守本協議並不得修改或對本版本施予任何限制。
The Python License （CNRI Python License）	1. 此協議專為Python1.6beta 1其及相關文件所設。 2. 任何人可以免費的取得軟體的原始碼，並可加以使用、分析、測試、公開展示、發表衍生產品和散佈。 3. 若你的衍生產品是以Python1.6beta 1為基礎或包含了Python1.6beta 1的任一部分，而你願意讓人取得（就如同你在這裡取得一樣），你就可以修改Python1.6beta 1。

（續上表）

開放原始碼授權協議	重要特性
The Python Software Foundation License	1. Guido van Rossum 和其團隊離開Corporation for National Research Initiatives （CNRI）後，進入BeOpen.com並釋出Python2.0 。在2.0版本發表後，Guido van Rossum 和其團隊進入Digital Creations並發表了 Python2.1 ，在2.1版發表後，他們成立Python Software Foundation （PSF）。此協議就是將版權正式移轉至PSF的聲明文件。 2. Free Software Foundation （FSF）和 CNRI共同對1.6版的協議做了一些文字上的修改，使得以後版本的授權協議（包含1.61、2.0和2.11）皆能符合GPL的精神。因此版協議包含了BeOpen2.0版、PSF2.1版以及GPL-compatible的授權協議。
The Zlib/libpng License	1. a:不得說該原始軟體是你所寫;b:修改版不得說是原版本;c:在任何情況的原始碼散佈下，都不修改或移除本聲明。在這三個條件下，任何人可為任何目的去使用、修改和散佈該軟體。
The Apache Software License	1. 不論是原始碼版或二進位版都必須保留著作權聲明下，可以使用、修改和再散佈軟體原始碼版或二進位版。
The Vovida Software License v. 1.0	1. 不論是原始碼版或二進位版都必須保留著作權聲明下，可以使用、修改和再散佈軟體原始碼版或二進位版。
The Sleepycat License	1. a:原始碼或二進位版的再散佈都必須包含本聲明;b:無法論以任何形式再散佈，都需告知如何取得DB軟體的資訊。在遵守上述規定下，可以免費的使用和再散佈原始碼版或二進位版軟體。

（續上表）

開放原始碼授權協議	重要特性
The Sun Industry Standards Source License（SISSL）	1. 在遵守第三造智財權聲明下，可以免費的取得、修改、展示、創造衍生產品。 2. 可以使用、銷售、展示原始碼，但不得刪除原始碼、分離原始碼、修改或因結合其他軟體或硬體而對原始碼造成限制。 3. 你所釋出的原始版、修改版軟體及未來相關的衍生版本都需附上原始程式碼，並且都需要遵守本協議並不得修改或對本版本施予任何限制。
The Mozilla Public License 1.1（MPL 1.1）	1. 在遵守第三造或其他貢獻者的智財權聲明下，可以免費的取得、修改、展示、創造衍生產品。 2. 可以使用、銷售、展示原始碼，但不得刪除原始碼、分離原始碼、修改或因結合其他軟體或硬體而對原始碼造成限制。 3. 你所釋出的原始版、修改版軟體及未來相關的衍生版本都需附上原始程式碼，並且都需要遵守本協議並不得修改或對本版本施予任何限制。
The Nokia Open Source License	1. 在遵守第三造智財權聲明下，可以免費的取得、修改、展示、創造衍生產品。 2. 可以使用、銷售、展示原始碼，但不得刪除原始碼、分離原始碼、修改或因結合其他軟體或硬體而對原始碼造成限制。 3. 你所釋出的原始版、修改版軟體及未來相關的衍生版本都需附上原始程式碼，並且都需要遵守本協議並不得修改或對本版本施予任何限制。

（續上表）

開放原始碼授權協議	重要特性
The Intel Open Source License	1. 不論是原始碼版或二進位版都必須保留著作權聲明下，可以使用、修改和再散佈軟體原始碼版或二進位版。
The Jabber Open Source License	1. 任何人可以免費取得軟體原始碼並得使用、修改、展示、散佈以及創作衍生產品。 2. 為了保障第三造其及它貢獻者的智財權，對於軟體的使用僅限於合理的使用範圍之內。 3. 你所做的修正必須釋出，讓大眾都能夠取得。 4. 你可販賣衍生產品，但絕對不能針對原始碼部分加以收費。 5. 你可對你所創造出的衍生品採用本協議、其他由OSI所承認的協議或是專屬權型式的協議，但不論你採何種協議，都仍需遵守本協議。
The Nethack General Public License	1. 你可以免費複製、散佈本軟體，並加以修改以及再散佈（但需包含本協議）。 2. 你不能收取權利金，但能收取複製以及提供品保的費用。
The Common Public License	1. 可以免費的取得、使用、創作衍生產品、公開展示、再散佈以及設立次協議。 2. 任何欲販賣軟體產品的貢獻者（稱為商業貢獻者），必須同意保護和保障其他非商業貢獻者，包含了法律訴訟等等法律行動。
The X.Net License	1. 只要任何複製以及釋出版本都包含本協議，任何人可以免費的取得、複製、使用、修改、合併、散佈、銷售以及設立次協議。

（續上表）

開放原始碼授權協議	重要特性
The Apple Public Source License	1. 你可以免費的下載原始碼。 2. a:必需保留所有原始碼有關的著作權及專屬權聲明;b:你所散佈的所有原軟體必須包含本協議，並不得對本協議做出任何修改以及施加任何額外的限制。在以上兩個條件下，且僅供個人研發和/或使用下，你可以使用、複製、展示和修改原始碼。
The Zope Public License Ver.2.0	1. a:不論是原始碼版或是二進位版，皆需包含此協議;b:你不能使用Zope Corporation這個名字來宣傳或促銷原軟體和/或衍生產品;c:讓你再散佈或使用本軟體，不代表授予你使用Zope Corporation的商標或服務標章;d:若對原程式有修改，需指出修改之處及修改日期。在遵守以上條件下，你可以使用和再散佈已（未）修改原始碼版和已（未）修改二進位版軟體。
The Sun Public License	1. 在遵守第三造或其他貢獻者的智財權聲明下，可以免費的取得、修改、展示、創造衍生產品。 2. 可以使用、銷售、展示原始碼，但不得刪除原始碼、分離原始碼、修改或因結合其它軟體或硬體而對原始碼造成限制。 3. 你所釋出的原始版、修改版軟體及未來相關的衍生版本都需附上原始程式碼，並且都需要遵守本協議並不得修改或對本版本施予任何限制。
The Motosoto License	1. 在遵守第三造及其他貢獻者智財權下，可以免費的取得、使用、複製、展示、修改、創作衍生產品和銷售。 2. 你所創造及釋出的衍生產品也必須採用本授權協議。

（續上表）

開放原始碼授權協議	重要特性
The Eiffel Forum License	1. a:授權協議不得加變更;b:所散佈的不論是原始檔案或是修改版都需包含此授權協議檔案。在以上兩個條件下，你可以使用、複製、修改和/或散佈此套裝軟體。 2. a:如果你的二進位版程式是以此套裝軟體的修改版為基礎，則你必須釋出此修改版的套裝軟體。在以上條件下，你可以散佈以此套裝軟體為基礎的二進位版程式。
The W3C License	1. a:原版本或修改版的釋出，都需包含此協議;b:軟體程式碼之前有效的智財權條款、聲明、主張和條件，若已不再有效時，需在原程式碼和衍生程式碼中標示出來;c:需標示出W3C檔案被修改之處其修改日期。在符合上述三個條件下，你可以免費的取得、使用、複製、修改和再散佈軟體及其相關文件。
The Open Group Test Suite License	1. 你可以免費取得此套裝軟體的標準版本並加以再散佈。 2. 你可在公眾領域或向著作權擁有者釋出你的修改或除錯，而這樣改變後的軟體仍被視為是標準版。 3. 你可以自行修改你所下載的軟體，但釋出時需著明你修改的日期和地方，並將你所釋出的版本重新命名以和標準版有所區隔。 4. 你可向使用者收取合理的複製和服務費用，但不得針對軟體本身收費。

資料來源：李熙偉（2002）

國家圖書館出版品預行編目資料

微軟生存之戰／王盈勛著.-- 初版. -- 台北市：商周出版：城邦文化發行, 2003 [民 92]
面：　公分：

ISBN 986-124-028-4（平裝）

1. 微軟公司（Microsoft Corporation） 2. 電腦資訊業 － 美國

484.67　　92012428

微軟生存之戰－軟體巨人如何因應開放原始碼

作　　者 ／王盈勛
特約編輯 ／張曉蕊
副總編輯 ／陳絜吾

發 行 人 ／何飛鵬
法律顧問 ／中天國際法律事務所
出　　版 ／商周出版
台北市愛國東路100號六樓
電話：(02)23587668　傳眞：(02)23419479
E-mail: bwp.sevice@cite.com.tw
發　　行 ／城邦文化事業股份有限公司
台北市愛國東路100號4樓
電話：(02)23965698　傳眞：(02) 23570954
劃撥：1896600-4　城邦文化事業股份有限公司
香港發行所 ／城邦(香港)出版集團有限公司
香港北角英皇道310號雲華大廈4/F，504室
電話：25086231　傳眞：25789337
馬新發行所 ／城邦(馬新)出版集團
Cite (M) Sdn. Bhd. (458372ZU) 11, Jalan 30D/146, Desa Tasik, Sungai Besi, 57000 Kuala Lumpur, Malaysia.
電話：603-90563833　傳眞：603-90562833
E-mail: citekl@cite.com.tw

封面設計 ／謝永慶
電腦排版 ／何貞賢
印　　刷 ／韋懋印刷事業股份有限公司
總 經 銷 ／農學社
電話：(02)29178022　傳眞：(02)29156275
行政院新聞局北市業字第913號-

■2003年9月初版　Printed in Taiwan

定價 220元

ISBN 986-124-028-4